| 辅助技术专业培训系列教材
Series of Training Textbooks for Assistive Technology Professionals

Barrier-free Home Environment Design and Renovation

居家无障碍环境设计与改造

中国残疾人辅助器具中心 / 编著

图书在版编目（CIP）数据

居家无障碍环境设计与改造 / 中国残疾人辅助器具中心编著. -- 北京：华夏出版社有限公司，2025.

ISBN 978-7-5222-0877-0

Ⅰ．TU-856

中国国家版本馆CIP数据核字第2025C5V100号

居家无障碍环境设计与改造

编　　著	中国残疾人辅助器具中心
责任编辑	梁学超　苑全玲
责任印制	顾瑞清
出版发行	华夏出版社
经　　销	新华书店
印　　刷	三河市万龙印装有限公司
装　　订	三河市万龙印装有限公司
版　　次	2025年6月北京第1版 2025年6月北京第1次印刷
开　　本	787×1092　1/16开
印　　张	9.5
字　　数	110千字
定　　价	89.00元

华夏出版社　地址：北京市东直门外香河园北里4号　邮编：100028
网址：www.hxph.com.cn　电话：(010) 64663331（转）
若发现本版图书有印装质量问题，请与我社营销中心联系调换。

编委会

主　任　　孔德明

副主任　　史志强　张红涛

编　审　　朱图陵　陈　光

主　编　　宋端树

副主编　　胡国强　李　英

编　委　　（按姓氏笔画排列）

　　　　　　王艳玲　白道靖　朱　桐　吕常清　刘航江

　　　　　　任丹丹　李　飞　张　艳　张善超　岳　静

　　　　　　崔晶硕　程俊飞

序 言

早在2000年我国已经迈入老龄化社会，据国家统计局数据显示，截至2024年年末，全国60周岁及以上老年人口3.1亿人，全国65周岁及以上老年人口2.2亿人。根据第六次全国人口普查我国总人口数，及第二次全国残疾人抽样调查我国残疾人占全国总人口比例，推算了2010年末我国残疾人总人数为8502万人。在老龄化程度不断加深以及残疾人口数量逐年增加的背景下，如何利用有限的资源应对不断增长的家庭护理需求成为亟待解决的重要问题。

居家生活与护理在个人及社会层面上均可节省成本、减少社会资源消耗，已逐渐受到广泛关注。实现居家生活和护理的前提条件是营造适宜功能障碍者生活的居家环境（居家指所有和家庭生活相关的物品，居家环境指在人群生活的空间中影响居住者生活与发展的各种因素的总和），然而现有住宅大多数是按照普通人群的居住需要设计的，未考虑到功能障碍者的生理功能和生活起居的特殊需求，存在着诸多弊端。因此，对功能障碍者现居住的住宅进行设计与改造，改善其居家生活与护理的条件是迫切需要考虑和解决的问题。

无障碍指在发展过程中没有阻碍，活动能够顺利进行；无障碍环境指一个既可通行无阻而又易于接近的理想环境，包括物质环境、信息和交流的无障碍；居家无障碍环境是无障碍环境的重要组成部分，指利用无障碍设施设备，使居家环境内的空间或区域成为具备可及性的空间或区域，解除功能障碍者等有需要人群的居家活动困难，方便其日常活动，改善居家环境，提高生活质量等。加强无障碍环境建设和突出功能障碍者居家养老服务设施的无障碍改造，推行无障碍进社区、进家庭，加快对居住小区、园林绿地、道路、建筑物等与功能障碍者日常生活密切相关的设施无障碍改造步伐，是住房和城乡建设领域坚持科学发展，创新建设理念的一项重要工作。无障碍建设是完善现代化城市功能的需要，是社会文明进步的重要标志，更是维护和保障功能障碍者这类社会特殊群体合法权益的一件大事，居家无障碍建设是项系统工程，不仅是保障和维护功能障碍者平等享有生活权利的基本条件，也是惠及全民生活保障的重要措施。

为了切实解决居家无障碍环境建设中存在的不规范、不系统和不实用等突出问题，在深入分析我国居家无障碍建设中存在的问题，总结我国居家无障碍改造中的实际经验，借鉴国际无障碍建设的先进模式基础上，我们编制了这本《居家无障碍环境设计与改造》。书中介绍了国内和国际无障碍建设的历史、现状和发展趋势，概括了居家无障碍建设的基本原则与要素，对住宅套内空间（指住宅内由户门、客厅、餐厅、卧室、厨房、卫生间等组成的个人空间）提出了具体的设计要求，同时对居家无障碍改造技术要点及特殊人群的设计需求进行了归纳总结。本书所述无障碍环境设计与改造的居住者以肢体功能障碍者为主，对视觉、听觉等其他功能障碍者的设计改造简要叙述。

相信这本《居家无障碍环境设计与改造》会进一步完善我国无障碍建设体系内容，促进我国包括居家无障碍建设在内的无障碍设施建设又好又快地发展。

编委会

2025 年 6 月

前言

习近平总书记指出"残疾人是一个特殊困难的群体，需要格外关心、格外关注"。辅助技术是帮助残疾人融入社会，提高社会参与性的重要手段，是三大康复措施之一。WHO发布的《国际功能、残疾和健康分类》提出，环境影响健康，是导致功能障碍者活动和参与困难的重要因素。对功能障碍者开展居家环境改造可以解决其居家活动困难，提高生活质量。

随着人口老龄化进程加快及社会对包容性发展的重视，构建无障碍居家环境已成为衡量社会文明程度的重要标尺。我国政府特别重视无障碍环境的建设，无障碍环境建设专门性法律—《中华人民共和国无障碍环境建设法》于2023年9月1日正式施行。该法是旨在保障残疾人、老年人等群体的平等权益，推动公共服务场所、信息交流、社会服务等领域无障碍环境建设。居家空间作为个体生活的核心场域，其无障碍化改造不仅关乎残障人士与老年群体的生活品质，更能彰显党和政府对他们的人文关怀。

中国残疾人辅助器具中心为配合《中华人民共和国无障碍环境建设法》的实施，组织相关人员编写了《居家无障碍环境设计与改造》。通过理论阐述、技术解析与典型案例相结合的方式，深入讲解无障碍设计的通用性原则、空间改造关键技术及辅具适配方案。其内容涵盖住宅出入口、卫浴空间、厨房操作区等高频使用场景的精细化设计策略。

作为辅助技术专业培训系列教材之一，我们期望通过本教材，加快基层无障碍设计与改造人才培养，提升基层辅助技术专业服务人员水平，帮助从业者掌握科学的设计思维与实操技能，推动无障碍设计从"特殊需求"转向"通用标配"，让每个家庭都能成为承载尊严与幸福的温暖港湾。

编委会

2025 年 6 月

目 录

第一章 居家无障碍环境设计与改造概述 1

第一节 居家无障碍环境设计与改造基础知识 2
 一、居家无障碍环境设计与改造的意义 2
 二、居家无障碍环境设计与改造的原则 3
 三、居家无障碍环境设计与改造的特殊性 5
 四、居家无障碍环境设计与改造的要求 7

第二节 居家无障碍环境改造的方法 8
 一、居家无障碍环境改造的要点 8
 二、居家无障碍环境改造的流程 12

第二章 居家无障碍环境设计对象分析 15

第一节 肢体功能障碍者 16
 一、肢体功能障碍的定义 16
 二、肢体功能障碍的程度 16
 三、肢体功能障碍者的基本活动影响 17

第二节 视觉功能障碍者 18
 一、视觉功能障碍的定义 18
 二、视觉功能障碍的程度 18
 三、视觉功能障碍者的基本特点 19

第三节 听觉和言语功能障碍者 19

一、听觉功能障碍 …………………………………… 20
　　二、言语功能障碍 …………………………………… 20
　　三、听觉和言语功能障碍者的基本活动影响 ………… 21

第四节　智力和精神功能障碍者 …………………………… 22
　　一、智力障碍 ………………………………………… 22
　　二、精神障碍 ………………………………………… 23

第五节　多重功能障碍者 …………………………………… 25

第六节　老年人 ……………………………………………… 25

第三章　不同对象居家无障碍环境的需求 ………………27

第一节　肢体功能障碍者居家无障碍环境需求 …………… 28
　　一、上肢功能障碍者居家无障碍环境需求 ………… 28
　　二、下肢功能障碍者居家无障碍环境需求 ………… 29
　　三、常见肢体功能障碍者的表现及辅助器具需求 … 29

第二节　视觉功能障碍者居家无障碍环境需求 …………… 34
　　一、低视力者居家无障碍环境需求 ………………… 34
　　二、盲人的居家无障碍环境需求 …………………… 35
　　三、视觉功能障碍者辅助器具需求 ………………… 35

第三节　听觉和言语功能障碍者居家无障碍环境需求 …… 37
　　一、听觉功能障碍者居家无障碍环境需求 ………… 37
　　二、言语功能障碍者居家无障碍环境需求 ………… 37
　　三、听觉和言语功能障碍者辅助器具需求 ………… 38

第四节　智力和精神功能障碍者居家无障碍环境需求 …… 39
　　一、智力障碍者居家无障碍环境需求 ……………… 39
　　二、精神功能障碍者居家无障碍环境需求 ………… 40
　　三、智力和精神功能障碍者辅助器具需求 ………… 41

第五节　老年人居家无障碍环境需求 ……………………… 41
　　一、自理型老年人居家无障碍环境需求 …………… 41
　　二、介助型老年人居家无障碍环境需求 …………… 42
　　三、介护型老年人居家无障碍环境需求 …………… 43

四、老年人辅助器具需求 ································ 43

第四章 居家无障碍环境公共设施改造设计 ············· 45

第一节 出入口 ································ 46
第二节 坡道 ································ 47
第三节 楼梯和台阶 ································ 49
第四节 电梯 ································ 50
　　一、候梯厅的尺寸要求 ································ 50
　　二、轿厢的设计要求 ································ 50

第五章 居家无障碍环境室内空间改造设计 ············· 53

第一节 门厅 ································ 54
　　一、功能分区与基本尺寸 ································ 54
　　二、空间设计原则 ································ 55
　　三、常用家具布置要点 ································ 56
　　四、典型平面布局示例 ································ 58
　　五、设计要点总结 ································ 58

第二节 客厅 ································ 60
　　一、功能分区与基本尺寸 ································ 60
　　二、空间设计原则 ································ 61
　　三、常用家具布置要点 ································ 62
　　四、典型平面布局示例 ································ 63
　　五、设计要点总结 ································ 63

第三节 餐厅 ································ 65
　　一、功能分区与基本尺寸 ································ 65
　　二、空间设计原则 ································ 66
　　三、常用家具布置要点 ································ 66
　　四、典型平面布局示例 ································ 67
　　五、设计要点总结 ································ 67

第四节 卧室 ································ 68
　　一、功能分区与基本尺寸 ································ 68

二、空间设计原则 ·· 69
　　三、常用家具布置要点 ·· 71
　　四、典型平面布局示例 ·· 72
　　五、设计要点总结 ·· 73

第五节　书房 ·· 74
　　一、功能分区与基本尺寸 ·· 74
　　二、空间设计原则 ·· 75
　　三、常用家具布置要点 ·· 76
　　四、典型平面布局示例 ·· 77
　　五、设计要点总结 ·· 77

第六节　厨房 ·· 78
　　一、功能分区与基本尺寸 ·· 78
　　二、空间设计原则 ·· 79
　　三、常用家具布置要点 ·· 81
　　四、典型平面布局示例 ·· 83
　　五、设计要点总结 ·· 83

第七节　卫生间 ·· 85
　　一、功能分区与基本尺寸 ·· 85
　　二、空间设计原则 ·· 86
　　三、常用家具布置要点 ·· 88
　　四、典型平面布局示例 ·· 93
　　五、设计要点总结 ·· 94

第八节　阳台 ·· 94
　　一、功能分区与基本尺寸 ·· 94
　　二、空间设计原则 ·· 95
　　三、常用家具布置要点 ·· 98
　　四、典型平面布局示例 ··· 100
　　五、设计要点总结 ··· 100

第九节　走道、过厅 ··· 101
　　一、功能分区与基本尺寸 ··· 101

二、空间设计原则 ·················· 102
　　三、常用家具布置要点 ·············· 103
　　四、典型平面布局示例 ·············· 104
　　五、设计要点总结 ·················· 104

第十节 常见设备节点 ···················· 105
　　一、安全警告设备 ·················· 105
　　二、辅具空间 ······················ 106
　　三、照明灯光 ······················ 108
　　四、电器插座、接口及开关等 ········ 109

第十一节 门窗 ·························· 111
　　一、门的设计要求 ·················· 111
　　二、窗的设计要求 ·················· 113

第六章 居家无障碍信息化的改造设计 ······115

第一节 无障碍信息化概述 ················ 116
　　一、无障碍信息化的意义 ············ 116
　　二、无障碍信息化的应用 ············ 116
　　三、无障碍信息化的趋势 ············ 117

第二节 智能安全监护设施设计 ············ 117
　　一、智能安全监护设施 ·············· 117
　　二、环境类安全监护设施 ············ 118
　　三、人身安全类检测设施 ············ 118

第三节 信息化平台应用与管理 ············ 119
　　一、无障碍信息化平台 ·············· 119
　　二、无障碍信息化平台内容 ·········· 119
　　三、无障碍信息化平台应用 ·········· 120

附录一 基本辅助器具适配参考 ············123

附录二 居家无障碍环境设计与改造案例 ····131
　　一、家庭改造案例（一） ············ 131

  二、家庭改造案例（二） ················· 133
  三、家庭改造案例（三） ················· 135

参考文献 ·· 137

第一章　居家无障碍环境设计与改造概述

　　居家无障碍环境设计致力于创建一个包容、舒适且易于使用的居住环境，特别是针对老年人和有肢体活动障碍的人群。近年来，我国政府已经采取了一些措施来推动居家无障碍环境设计与改造的发展，完善了无障碍环境建设政策和标准体系，制定实施了无障碍认证、公益诉讼及《建筑与市政工程无障碍通用规范》等政策内容。

　　一些发达国家，如美国、日本和英国在居家无障碍环境设计与改造方面的发展较为先进。这些国家都有较为完善的相关法律和政策，以及专业的设计和改造团队，以确保居家环境的无障碍性。这些国家在公共场所、交通设施和住宅方面的无障碍环境建设都取得了显著的成果。虽然我国在居家无障碍环境设计与改造方面取得了一定的成果，但仍需要进一步改进和完善，引进发达国家的先进经验。

　　本章分为两小节，第一节描述居家无障碍环境设计与改造的基础知识，第二节描述居家环境无障碍改造的方法。

第一节　居家无障碍环境设计与改造基础知识

一、居家无障碍环境设计与改造的意义

面对人口老龄化和相对弱势群体的增加，推动无障碍设计的实施和加强是解决问题的重要途径。进行居家无障碍改造对于社会和个人都具有重大意义，主要体现在以下几个方面：

提升居住体验。通过无障碍设计，可以消除居家环境中的障碍，使功能障碍者能够更加方便、舒适地进行日常生活活动。例如，改造卫生间和厨房，使其符合无障碍标准，可以使居住者更加自由地进出和使用。这些改进不仅可以提高生活质量，也可以增强他们的居住体验。

保障安全。无障碍设计可以减少居家环境中的危险因素，提高居住的安全性。例如，在卫生间和厨房等区域安装扶手、防滑地砖等无障碍设施，可以防止肢体功能障碍者因地面湿滑或其他因素而摔倒。这些安全措施可以减少意外事故的发生，保障居住者的生命安全。

促进家庭和谐。居家环境无障碍设计与改造，不仅关注功能障碍者的需求，也考虑到其他家庭成员的感受。通过改造居家环境，可以增强家庭成员之间的互动和交流，促进家庭和谐。例如，为肢体功能障碍者设计适合其使用的家具和电器，也可以方便其他家庭成员的使用，提高整个家庭的生活质量。

增强归属感。居家环境无障碍设计与改造可以让肢体功能障碍者更加融入家庭和社会生活。当他们在居家环境中能够自由行动时，会感受到更多的归属感和认同感。这种归属感和认同感可以增强他们的自信心和自尊心，有助于他们的心理健康和个人发展。

适应人口老龄化。随着人口老龄化的加剧，居家无障碍环境设计与改造也变得越来越重要。老年人面临着身体机能下降、行动不便等问题，无障碍设计可以让他们在居家环境中更加方便地进行日常基本活动。这些设计上的改进可以让老年人更加自主地生活，减轻他们的生活压力和身体负担。

总之，居家无障碍环境设计与改造的意义在于提升功能障碍者的居住体验和安

全性，促进家庭和谐和增强功能障碍者的归属感，同时也适应了人口老龄化的趋势。通过无障碍环境设计与改造，可以让功能障碍者等弱势群体在居家环境中更加自由、舒适地生活，享受平等的权利和尊严。

二、居家无障碍环境设计与改造的原则

由于民居建筑多种多样，有大有小，有新有旧，不同居住对象又有不同需求，因而居家无障碍环境建设工作不能一刀切，应遵循以下原则：

（一）科学精准原则

评估参照国际通用的日常生活自理能力（Activity of Daily Living，简称 ADL）评定量表并结合使用者身体健康状况，加入居家环境无障碍评估内容、辅助器具适配评估内容，形成内容全面、科学合理的评估实施规范，对所有需要居家无障碍改造的使用者及其居家环境进行科学的评估，并根据使用者的需求形成科学合理的评估报告。评估数据应精准量化，评估前先准确测量使用者的身高、体重、臂长、残疾部位及程度等关键数据，然后，根据实际数据制定改造方案。

（二）综合全面原则

因原有建筑的局限，改造设计时应遵循因地制宜、因人而异的原则，综合考虑之后进行改建。根据我国的家庭特点，在厨房的设计中，应充分考虑到使用者的生理特点，比如：燃气灶具的控制开关可设在前端，便于他们在使用时调节火候；燃气管道宜明敷，主要是考虑安全，万一泄漏，容易及时发现修理，明敷管应有保护措施；考虑使用者使用的方便，照明开关应选用宽型翘板式。弱势群体，特别是使用者和残疾人由于生理机能较一般人而言比较差，在遇到突发事件时不能及时采取相应的措施，杜绝危险，所以厨房中的一些危险电器应采取必要的防护措施。

（三）居家装潢相结合原则

旧房改建，费用高，难度大，麻烦多，效果也不尽如人意。而在新房装修同时，同步建设无障碍设施，不仅方便、节约费用，而且效果好。在建设中还要有超前意识。如有的肢体残疾人在装修时，还不需要坐轮椅，但几年后随着年龄增长和机能退化，就有可能要坐轮椅，在装修时应该考虑到这些因素，把房门扩宽，把卫生间、厨房的门设计为推拉门。因而必须加强宣传家庭无障碍环境建设的重要性，进行积极的

倡导，提高人们对修建居家无障碍设施的认知。

（四）个性化原则

居家无障碍环境建设要根据不同对象、不同要求、不同条件，进行"个性化"设计评估。只有按照"个性化"设计，充分考虑每一户家庭使用者的活动能力、居家环境、改造需求、经济条件，才能建造既实用、又有效、又节约的设施，才能更好地满足使用者的需求。

（五）智能化原则

新技术的发展和智能居家产品的应用给人们的生活带来了很大方便，极大地提升了人们的生活质量，例如，对肢体功能障碍者的居室安装远程遥控系统，利用语音或者智能居家中控台控制开关，提高生活的便利性；对听觉障碍者居室安装闪光或振动信号门铃装置；厨房安装智能安全灶控制开关，以防止人们因忘记时间而烧焦饭菜或者引发火灾；居室安装智能双向通话监视系统可以使残疾人的情况一目了然，也更加便于和住户即时通话。部分智能居家产品（智能音箱、智能摄像头、智能中控屏）如图1.1所示。

图1.1 智能居家产品

（六）规范化原则

无障碍环境设施设备的选择应符合国家相关标准和规范，并保证质量。改造设计应符合《无障碍设施施工验收及维护规范》（GB 50642—2021）等的要求。

三、居家无障碍环境设计与改造的特殊性

（一）使用安全性

对住宅进行无障碍环境改造，其目的是使住宅更好地为人们服务。同时延续住宅的使用寿命，从更广泛的意义上实现建筑的价值。基于人对住宅的使用要求，无障碍改造不能仅从美观的角度出发，还必须考虑到人在住宅使用过程中的各种安全性因素，尤其是对材料的燃烧性选择上要慎重考虑。行动不便的人在生活中，如果烹饪操作不当、使用电器不当，就容易引发火灾，对生命造成威胁。所以，应根据规范，选择不燃性及难燃性的顶棚、隔断、墙面、铺地等材料。同时，通过住宅无障碍环境改造，尽可能地降低滑倒、碰撞、夹伤、烫伤等危险，使人们的生活更加安全、便利。

随着时间的推移，人们在生活中会对住宅提出不同的要求。当人们在年轻、健康的时候，可能不会意识到住宅中的某些问题，但是随着时间的推移，当衰老或身体出现残障之后，这些问题将在很大程度上影响人们的日常生活，所以必须在考虑无障碍过程化的时间因素的基础上，对住宅进行无障碍环境改造。

（二）结构安全性

根据结构类型，住宅一般可以分为砖混结构和剪力墙结构。砖混结构广泛应用在多层住宅中。这种住宅再改造的余地较小，因此，一定要对结构有较清晰的认识。否则，在改造过程中或者改造完成后，将带来安全隐患。改造中要区分承重墙体和非承重墙体。对于承重墙体，不要轻易改动位置、受力方式及开挖较大面积的窗洞等；对于非承重墙体，可以变换位置、长度。改造中还应注意不要对梁、构造柱和楼板造成损坏。

剪力墙结构具有更好的承重与侧向抗剪性能，多用于小高层和高层。这种结构类型的住宅，除了剪力墙外的墙体用非承重墙填充，这就为无障碍环境改造提供了较大的可能性。在改造时要充分考虑结构楼板与梁、剪力墙之间的关系，以免造成

无法弥补的安全问题。

在住宅无障碍改造中，应根据房屋的实际情况，对墙、柱、梁和楼板等进行结构加固。

（三）材料环保性

室内环境污染主要是由建筑材料和家具的环保性能不合格所引起的。材料问题会对居住者的健康造成不利影响，因此，一方面要注意在改造过程中必须使用无害、无毒的环保型建筑材料，材料中对人体有害的化学物质释放量要符合国家与行业规范，如避免选用甲醛释放量超标的板材、胶水等，放射性元素释放量超标的石材等。另一方面要注意在改造后添置的家具也必须是环保型材料的，其化学物质释放量要符合国家与行业规范。

（四）经济性

应充分考虑无障碍环境改造的经济性，在保证使用安全、结构安全和环保性的前提下，尽量降低改造的成本。一是要充分了解政府对住宅无障碍环境改造的政策和措施，争取得到政府的支持与补贴，争取得到社会企业的支持与赞助，达到降低改造的成本及减轻居民支付压力的目的。二是要因地制宜地采用局部改造的方式，对某些不符合无障碍环境要求的空间进行局部改造，而不是不分重点地全面改造，避免因工程量盲目扩大造成的改造成本增加。三是注意节约材料与资源，对不能继续使用的材料、设备和家具进行部分更新，充分利用还能继续使用的原有材料、设备和家具，并注重其安全和实用，不要使用奢华的材料。

（五）方式灵活性

对于不同物业管理模式的居住区、不同年代的住宅、不同生活习惯的人群和家庭来说，改造方式应具有灵活性。可以是由社区或某个机构主导的集中改造；也可以是由政府提供改造图纸、技术标准，以家庭自发改造为中心的自主改造；还可以是从局部改造入手，用较长时间逐步完成的渐进改造。

改造前，需要对改造的内容、方式、影响和结果与用户进行充分协商，征求用户的意见，尽可能避免改造中的矛盾与冲突；还应根据社区、家庭、人口等具体情况，进行深入调研和研究，制订完备的改造实施计划，控制施工进度。

四、居家无障碍环境设计与改造的要求

居家无障碍设施的主要功用在于通过对使用者生理和心理的正确认识，使室内环境因素适应功能障碍者生活活动的需要，进而达到提高室内环境质量的目标。居家无障碍环境设计需要考虑以下几个方面：

空间设计。居家无障碍环境设计需要确保房间内的空间能够适应居住者的身高和体型，以方便残疾人的活动和行动。例如，在设计门口时，需要考虑门的高度和宽度是否足够，能否容纳轮椅通过；在设计卫生间时，需要考虑马桶的高度和位置。

家具设计。家具设计需要符合人体工程学原理，以确保家具的高度、宽度和深度适合使用需求的人。例如，床的高度要适合不同身高的人；桌子和椅子的高度要适合人体姿势和视觉需求。

色彩设计。色彩设计需要考虑残疾人的视觉需求和心理需求。例如，对于视力障碍的人来说，颜色应该鲜明、对比度高，以方便其识别；对于精神障碍的人来说，色彩应该柔和、舒适，以减轻其心理压力。

安全设计。居家无障碍环境设计需要考虑到安全性，以预防可能的伤害和事故。例如，在浴室和厨房等区域，需要使用防滑地面和安全护栏，以减少居住者跌倒和滑倒的风险；在电器设备方面，需要使用安装过载保护、漏电保护和防火装置，以确保居住者安全使用。

人体工学。人体工学作为室内设计的一个基本的依据，贯穿整个居室设计过程。无论是空间的组织、色彩、光线的处理或是各种界面的装饰设计，只有将肢体功能障碍者对整个居室的适用性作为基本设计原则，才能使整个居室的无障碍设施与设计达到和谐一致、功能形式的完美统一，从而真正做到设计的"以人为本"。人体工学在室内设计中的作用主要体现在两个方面：一是能够为确定空间范围提供依据，二是为家具设计提供依据，最后也能够为确定感觉器官的适应能力提供依据。

居家无障碍设施在进行改造设计时，应结合居住者自身的身体特点，设计出合理的无障碍设施。

第二节　居家无障碍环境改造的方法

一、居家无障碍环境改造的要点

（一）无障碍环境与辅助器具

辅助器具简称辅具，包含辅助起居、洗漱、进食、行动、如厕、家务、交流等生活的各个层面的上万种产品，是功能障碍者生活和康复过程中必不可少的器具。辅助器具有助于提高功能障碍者的参与性，对身体功能（结构）和活动起保护、支撑、训练、测量和替代作用；防止损伤、活动受限或参与限制。根据辅助器具的使用功能可分为个人生活自理和防护类、个人移动类、沟通和信息类等 12 个主类。部分生活辅具如图 1.2 所示。

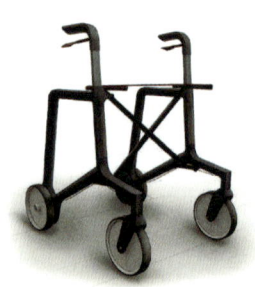
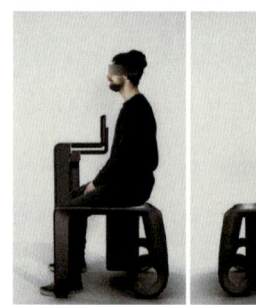

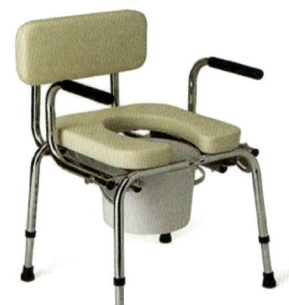

图 1.2 部分生活辅具

根据 ICF 观点，功能障碍者活动和参与的困难是由于自身损伤（机能、结构）和环境障碍两方面交互作用的结果。可以通过改变环境，即创建无障碍环境，帮助功能障碍者克服活动和参与的困难。创建无障碍环境的实质就是用辅助器具来改造环境中的障碍，这就是辅助器具与无障碍环境之间的关系。

（二）物理空间改造

对居家硬件设施按照《无障碍设计规范》（GB 50763-2012）和《建筑与市政工程无障碍通用设计规范》（GB 55019-2021）实施无障碍环境改造，主要包括门槛、斜坡、室内墙体、门道、卫生间设施及地面等关键区域的改造。

（1）门槛、斜坡改造。斜坡坡比一般小于 1:12。当门槛高度小于 1.5cm 时，应以斜面过度，斜坡的纵向坡度不能大于 1:10。超过 3cm 时，轮椅通过有障碍，这时需要配置门槛斜坡，可用水泥建造固定斜坡，如果不方便用水泥斜坡时，可用铝合金活动斜坡，其中一种带翻板过道的斜坡可以覆盖住门槛方便轮椅通过，另外轻便的工程塑胶斜坡可以像搭积木似的在门槛内外组合成单面或三面斜坡，以方便轮椅进出，如图 1.3 所示。

图 1.3 斜坡改造示例

（2）墙体和居室改造。安装扶手、安全抓杆，配备换鞋凳等，保障居住者起居安全。

（3）卫浴间改造。主要考虑轮椅使用者的障碍，重点关注人的移动便利性和淋浴器具易操作性，避免住宅卫生间使用中的安全隐患，卫浴间相对其他房间更易发生事故，成为"家庭事故"的高发地，因此，安全是卫浴设计中考虑的最为主要的因素。

在水盆、坐便器旁加装起身扶手、花洒旁加装洗浴扶手；改造台盆进深空间，方便轮椅使用者使用；拆除卫生间挡水条，消除地面高度差，改为隐形地漏；浴室加装安全浴凳或助浴椅、蹲坑安装坐便椅等。实现如厕无障碍、沐浴无障碍和洗漱无障碍，如图 1.4 所示。

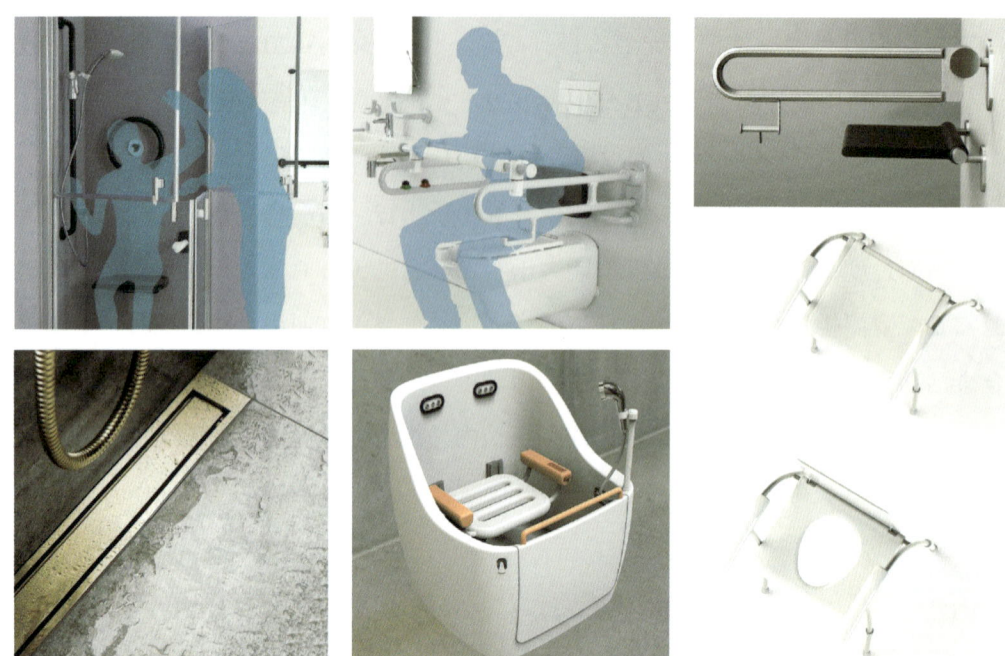

图 1.4 无障碍设备示例

（4）扩宽门道。当轮椅进出房门时，刚好被房门板厚度阻挡，可以将原来房门的搭链换成双 L 形搭链，这样轮椅进出时就可以在不改动门框的情况下不被房门板厚度阻挡。相关示例如图 1.5 所示。

图 1.5 拓宽门道示例

（5）地面改造。如图 1.6 所示，选用有凹凸花纹、防滑性能好的地砖和防滑垫，定期使用防滑剂清除地面污垢、油脂等物，保持地漏通畅，及时用干拖把和抹布擦干地面和水池。卫生间门口应无地面高度差，选择外开式门方便轮椅进出，门面上设置低位扶手，便于使用轮椅者开门。

图1.6 防滑地砖与地垫示例

（三）智能安全监护设备

智能安全监护设备安装内容包括：门磁监控系统、红外生命体征监测、健康数据监测系统、血压计、血糖仪、智能床垫、烟雾报警器、燃气报警器等。利用现代科学技术和信息系统，通过专项诊断和讨论，为功能障碍者及其家庭提供实时、快捷、高效、低成本的物联化、互联化、智能化安全服务，如图1.7所示。

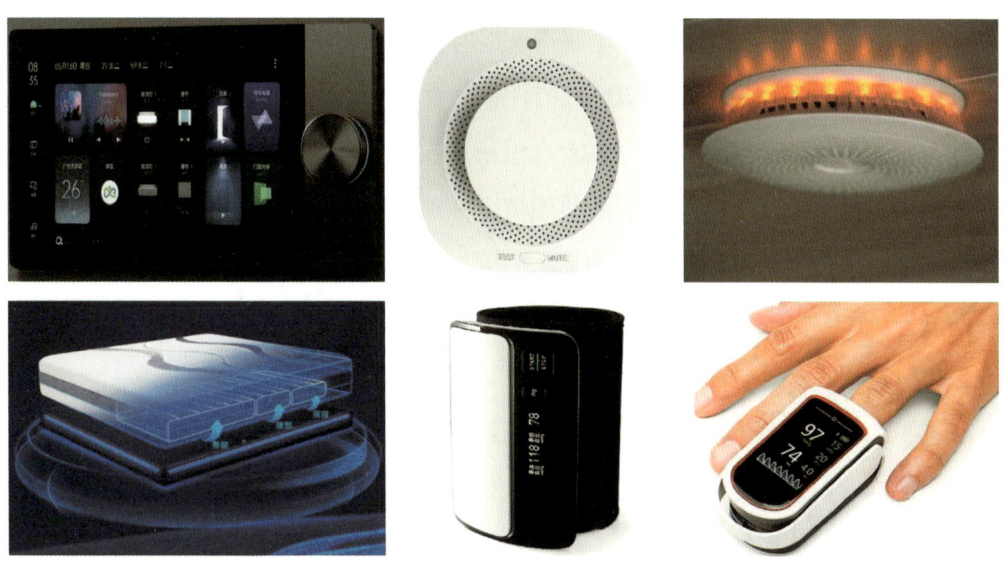

图1.7 智能安全辅助设备

二、居家无障碍环境改造的流程

居家无障碍环境改造流程主要包括调查及评估、确定改造方案、施工前人员培训、情感融合、项目施工、无障碍改造线上管理和项目验收，如图1.8所示。

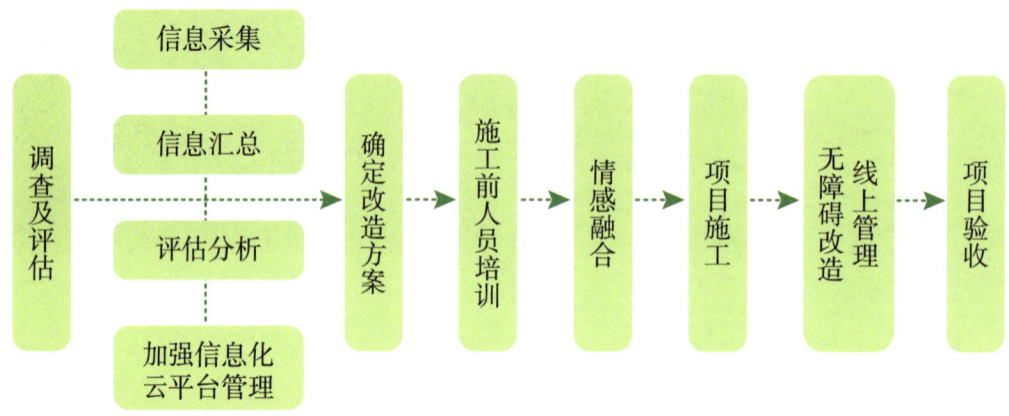

图1.8 居家环境无障碍改造流程图

（一）调查及评估

（1）信息采集。当前居家无障碍环境改造的对象多数为政府补贴的特殊群体，区、街道办、社区提供无障碍环境改造人员的名单和基本信息是做好信息采集工作的基础。无障碍环境改造承接单位上门评估，委派2～3名评估人员入户进一步采集信息，采集的信息主要包括居住者身份信息、身体功能信息、环境信息(包括出入口、室内环境等，如卫生间卫浴使用情况和地面平整情况等)以及居住者针对改造提出的特殊诉求，以确保改造后能满足居住者的个性化需求。

（2）信息汇总。评估人员采集信息后，将信息汇总，再根据当地无障碍环境改造事宜及相关规定存入数据库。

（3）评估分析。对采集、汇总的信息进行归类并分析，对居家无障碍环境改造方案的内容以及是否满足要求、施工和安装中是否存在风险等进行充分全面评估和分析并形成评估报告。

（4）加强无障碍环境改造信息化云平台的管理，使改造的全过程都能在信息化云平台上进行操作，为政府、社区的介入和监督提供便利，实现数据的便捷管理和永久存储。

（二）确定改造方案

根据每位功能障碍者的不同需求及其住宅的实际状况，评估人员应进一步商讨并确定无障碍改造方案。在确定改造方案的过程中应特别注意老旧建筑物无障碍环境改造的风险，并寻求相应的解决方案。同时应结合功能障碍者的功能受限情况，注意无障碍产品使用过程中可能会发生的风险，提前采取相应的防范措施。

（三）施工前人员培训

对于无障碍环境改造的设计方案、施工周期，以及可能会出现的情况，应提前做好与改造对象的沟通，以便于无障碍环境改造项目的推进。在施工前要做好对施工人员的安全施工和文明施工的培训，施工单位应制定施工安全手册，内容应包含无障碍设备安装的技术要求和细节要求，在给施工人员讲解和布置任务时应要求施工人员在思想上高度重视，并明确改造施工的操作规范。对参与无障碍环境改造的功能障碍者及其家属进行产品使用方法的培训，听取功能障碍者及其家属的反馈意见，并根据其意见，对改造方案做适当调整，或做好解释工作。

（四）情感融合

在居家无障碍环境改造实施过程中，由于功能障碍者对无障碍环境改造了解不够深入，接受度不高。为了解决这个难题，在改造过程中，承接单位可以推出如"公益红围巾"、爱心志愿服务等关爱活动，从情感上亲近功能障碍者，以消除陌生感与排斥感，建立功能障碍者与工作人员之间的信任。让功能障碍者能够真切地体会到党和政府的温暖，达到让政府放心、功能障碍者满意的双赢效果。

（五）项目施工

入户安装前，无障碍环境改造项目承接单位应提前召开动员大会，在功能障碍者及家属已经确认的方案基础上，认真细致地做好无障碍环境改造的准备工作。按照"一户一设计"的个性化改造方案，结合功能障碍者的需求和居家环境，在无障碍环境改造云平台的信息化手段辅助下，再入户实施改造工作。施工人员应分成若干个小组，每组有 2～3 人上门，统一着装，佩戴工牌。施工人员进入功能障碍者家里，应拍摄改造前功能障碍者居家环境的照片，上传到无障碍环境改造信息化云平台。对墙面、地面等进行预处理，施工单位必须做到安全施工、文明施工。在确保施工质量的前提下，应减少施工噪声和施工垃圾。在无障碍环境改造完成后，应现场培训并辅导功能障碍者使用无障碍设施设备。

（六）无障碍改造线上管理

在信息化、智能化迅速发展的今天，运用信息化云平台管理居家无障碍环境改造项目能极大地提高无障碍环境改造的质量和效率。建立无障碍环境改造信息化云平台，可实现高效管理、实时监督，方便政府、街道、社区在无障碍环境改造中介入监督。平台与微信小程序进行互动，能及时更新数据、线上分配施工任务、查看工程进度、在线审核，第一时间将有问题的任务反馈给施工团队并及时进行处理，保质保量。

无障碍环境改造信息化云平台能够实现居家无障碍线上评估；直接通过平台分配施工任务；施工完成后，上传改造前后对比照片；功能障碍者及其家属的签字确认互联网化；社区、街道工作人员审核方便快捷；预留上传到政府指定的平台(如各地无障碍服务平台)接口，保证兼容性；建立完整的改造档案，保存完整的改造信息，包括竣工图、施工记录及完整清晰的改造前后图片等资料。

（七）项目验收

（1）验收目的。验收是确保改造项目达到质量要求和标准的必要环节，通过验收是无障碍环境改造项目施工环节结束的标志。

（2）验收人员。验收由甲方、第三方验收评估机构、项目实施方派人组成。

（3）验收内容。根据无障碍环境改造方案、辅具设备清单、改造标准等项目进行验收。

第二章 居家无障碍环境设计对象分析

本章对居家无障碍环境的设计对象进行了探讨和分析。设计对象主要划分为肢体功能障碍者、视觉功能障碍者、听觉和言语功能障碍者、智力及精神功能障碍者、多重功能障碍者、老年人六类人群,每个障碍类型都有其独特的行为特性。本章将通过介绍这些障碍者的特征,来指导居家无障碍环境的设计与改造。

第一节　肢体功能障碍者

肢体功能障碍是既可以由肢体局部因素导致，也可以由神经系统因素引起的暂时性或永久性功能障碍。

一、肢体功能障碍的定义

肢体功能障碍是指因人体运动系统或神经系统结构、功能损伤造成的肢体残缺或肢体麻痹（瘫痪）、畸形等导致的人体运动功能不同程度丧失，进而导致其活动受限或参与的局限。主要包括：截肢、类风湿性关节炎，骨、关节、肌肉损伤，脊柱裂、强直性脊柱炎，脊柱侧弯，脊柱后凸，偏瘫，脑瘫，脊髓损伤，脊髓灰质炎等。

二、肢体功能障碍的程度

肢体功能障碍主要影响人的日常生活活动能力（Activities of Daily Living，ADL）。ADL 是人们为了维持生存和适应环境而每天必须反复进行的最基本、最具有共同性的活动，反映了人们在家庭、社区中最基本的能力，可直接影响人的心理、整个家庭与社会的联系，是康复医学和辅助技术服务中最基本、最重要的内容。

ADL 分为基础性日常生活活动和工具性日常生活活动，其中基础性日常生活活动又包括生活自理和功能性活动。生活自理主要指进食、修饰、洗浴、如厕、穿脱衣物等；功能性活动主要指翻身、起坐、转移、行走、上下楼梯、驱动轮椅等。当上肢功能障碍时主要影响生活自理能力，下肢功能障碍时主要影响功能性活动，见表 2.1。

Barthel 指数（Barthel Index，BI）是目前临床应用最广、研究最多的 ADL 评定方法，其评定方法简单，可信度高，灵敏度高。Barthel 评定内容包括大便控制、小便控制、修饰、如厕、进食、转移、步行、穿脱衣物、上下楼梯、洗澡等 10 项内容。根据是否需要帮助及其帮助程度分为 0、5、10、15 分四个等级，总分 100 分，得分越高，其独立性越强，依赖性越小，所需辅助器具帮助越少，见表 2.2。

表 2.1 肢体功能障碍程度表

障碍程度	上 肢	下 肢
极重度障碍	上肢所有关节强直或肌肉麻痹，失去全部运动功能，上肢全部失去生活自理能力。	下肢所有关节或肌肉损伤，失去全部运动功能，不能站、走。
重度障碍	上肢大部分关节或肌肉损伤，失去大部分运动功能，上肢基本不能实现生活自理。	大部分关节或肌肉损伤，失去大部分运动功能，能站，不能走。
中度障碍	上肢部分关节或肌肉损伤，失去部分运动功能，上肢部分实现生活自理。	下肢部分关节和肌肉受损，失去部分运动功能，能站，行走困难。
轻度障碍	上肢仅某一关节或肌肉损伤，轻度运动功能丧失，上肢能基本实现生活自理。	下肢仅某一关节受损，运动功能基本保持，能站、能走，但不持久。

表 2.2 ADL 评分结果

评分	残疾程度	生活自理程度
< 20	完全残疾	生活完全依赖。
20-40	重度残疾	生活需要很大帮助。
40-60	中度残疾	生活需要帮助。
> 60	轻度残疾	生活基本自理。
100	无残疾	生活自理。

三、肢体功能障碍者的基本活动影响

人体上肢主要以上肢粗大运动和手指精细动作为主，因此，当上肢功能障碍时更多影响的是手部功能参与的各项活动，如双上肢的活动、手腕的旋转、手掌的抓握、对指等，具体表现为手部操作困难、无法抓握、上肢活动受限等。下肢主要以承重、站立、行走为主，当下肢功能障碍时，往往会影响下肢的肌力、关节活动度、肌张力、本体感觉等，从而导致平衡、转移等活动受限。

（一）生活活动

日常生活活动主要包括：洗浴、修饰、如厕、穿脱衣物、进食饮水、准备膳食、

做家务等。

（二）行动活动

日常行动活动主要包括：维持和改变身体姿势、举起和搬运物体、手和手臂的使用、手的精细使用、下肢移动物体、不同场所移动、使用器具移动、乘坐交通工具、驾驶车辆等。

（三）其他

肢体功能障碍者除了表现为日常生活活动和行动受到影响，其就学、就业、娱乐等也会受到不同程度影响。主要表现为：下肢因功能损伤致使站立、移动困难；上肢因功能损伤导致双手协调及精细动作受损。

第二节 视觉功能障碍者

视觉功能障碍泛指视觉功能下降，包括生理性视觉功能障碍和病理性视觉功能障碍。其中，生理性视觉功能障碍是因为人体生理构造缺陷而产生的成像不清，如老花眼；病理性视觉功能障碍是由疾病因素导致的眼球、视路、视觉中枢结构和功能异常而引起不能成像或成像不清、视网膜色素变性等。

一、视觉功能障碍的定义

视觉功能障碍是指由于各种原因导致的双眼出现不同程度的视力低下或视野缩小，以至影响人们的日常生活和社会参与。根据发病时间，视觉功能障碍可分为先天性、遗传性和后天获得性；根据治疗的可能性和效果来看，视觉功能障碍可分为可行性和不可逆性；根据视觉损伤的程度，可分为低视力和盲。

二、视觉功能障碍的程度

视觉功能包括视力和视野，根据视力损伤和视野缩小的程度，可将视觉功能障碍分为四级，见表2.3。

表 2.3 视觉功能障碍分级

类别	级别	最佳矫正视力（BCVA）
盲	一级盲	无光感 ≤ BCVA < 0.02，或中心视野半径 < 5°
	二级盲	0.02 ≤ BCVA < 0.05，或中心视野半径 < 10°
低视力	一级低视力	0.05 ≤ BCVA < 0.1
	二级低视力	0.1 ≤ BCVA < 0.3

注：BCVA：Best Corrected Visual Acuity，最佳矫正视力

视觉功能障碍者因发病时间、持续时长、个体情况、是否进行康复干预等不同，在面对不同视觉任务时，表现也不同。主要有：视功能下降，如视力或视敏度下降、视野缩小；出现异常体态行为，如看远物时眯眼皱眉、过度低头伸颈、交流时目光散漫等；听觉、触觉、嗅觉、味觉等其他感知觉的敏感性提升等。

三、视觉功能障碍者的基本特点

人体在从事各项活动时主要通过视觉功能引导，视觉功能出现障碍时，主要影响移动和通过视觉获取的信息，然而因为肢体功能本身不受影响，视觉功能障碍者在实际生活中，往往会因为视觉损害而出现活动时受伤或操作失误。如在行走中因为视觉功能障碍，容易受到伤害而出现行动缓慢，畏缩，反复试探；在日常生活中，因看不清文字、标识而出现寻找日常物件困难，影响日常精细活动，如穿针、缝扣子等；在阅读书写时，因视力下降看不清或找不到指定文字而出现阅读困难或特征性阅读姿势、视觉疲劳等。

第三节 听觉和言语功能障碍者

无论是出现听觉功能障碍还是言语功能障碍，都会影响到信息传输和交流的准确性和有效性。

一、听觉功能障碍

（一）听觉功能障碍定义

听觉功能障碍是指听觉器官因遗传、疾病、外伤或生理退化等原因，致使听觉系统结构和功能异常，导致听觉功能减退或消失，也称耳聋；无法治愈的耳聋为永久性听觉损失，应视情况给予残疾评定。

（二）听觉功能障碍的程度

按平均听力损失及听觉系统的结构和功能、活动和参与、环境和支持等因素分级（不佩戴助听放大装置），将听力残疾分为四级，见表2.4。

表 2.4 听力残疾分级

听力残疾等级	较好耳听力损失程度（DB HL）	听觉系统损伤程度	功能影响
一级	>90	听觉系统结构和功能极重度损伤。	理解和交流等活动极重度受限，参与社会生活方面存在极严重障碍。
二级	81-90	听觉系统结构和功能重度损伤。	理解和交流等活动重度受限，参与社会生活方面存在严重障碍。
三级	61-80	听觉系统结构和功能中重度损伤。	理解和交流等活动中度受限，参与社会生活方面存在中度障碍。
四级	41-60	听觉系统结构和功能中度损伤。	理解和交流等活动轻度受限，参与社会生活方面存在轻度障碍。

注：DB HL：Decibel Hearing Level，分贝听力水平

二、言语功能障碍

（一）言语功能障碍定义

言语功能障碍是指对口语、文字或手势的应用或理解存在的各种异常。由大脑损伤引起的失语和言语障碍是性质最复杂的言语障碍，主要表现为声音异常、构音

异常、语言异常、流畅度异常等。

（二）言语功能障碍的程度

各种语言障碍可引起不同程度的言语残疾，以至不能或难以进行正常的言语交流活动。按各种言语残疾及不同类型的口语表现和程度、脑和发音器官的结构及功能、活动和参与、环境和支持等因素分级，见表2.5。

表2.5 言语残疾分级

言语残疾等级	语言清晰度	言语表达能力
言语残疾一级	≤ 10%	无任何言语功能，不能进行任何言语交流。
言语残疾二级	≤ 25%	具有一定的发声及言语能力。
言语残疾三级	≤ 45%	可以进行部分言语交流。
言语残疾四级	≤ 65%	能简单会话，但较长句或长篇表达困难。

三、听觉和言语功能障碍者的基本活动影响

听觉和言语功能障碍主要影响患者与外界的交流活动，交流活动项目主要有三类，包括以下几项交流活动。

（一）交流 – 接收

主要包括：听懂口语，如听见、听懂并理解；非口语交流，如理解肢体语言、信号和符号、图画、图表及相片、正式手语、书面信息等。

（二）交流 – 生成

主要包括：讲话，如整理讲话内容、正确表达；生成非言语信息，如输出肢体语言、输出信号和符号、绘画和照相、输出正式手语、生成书面信息等。

（三）交谈和使用交流设备及技术

主要包括：交谈、讨论、使用电话、使用电脑、使用网络等。

第四节 智力和精神功能障碍者

一、智力障碍

（一）智力障碍定义

智力障碍，是指智力显著低于一般人水平，并伴有适应行为障碍。此类障碍是由于神经系统结构和功能出现障碍而导致的个体活动和参与受到限制。智力障碍包括智力发育期间（18岁之前），由于各种有害因素导致的精神发育不全和智力迟滞；或智力发育成熟后，由于各种有害因素导致的智力损害或智力明显衰退。

（二）智力障碍的程度

智力障碍的程度可根据年龄、发育商、智商和适应行为分级，主要衡量粗大运动、精细动作、认知、情绪和社会性发展等方面，智力障碍同时具备智力低下和社会适应行为缺失。见表2.6和表2.7。

表2.6 智力障碍分级

级别	发育商（DQ）（7岁前）	智商值（IQ）（7岁后）	适应行为（AB）
一级残疾	≤ 25	< 20	极重度
二级残疾	26-39	20-34	重度
三级残疾	40-54	35-49	中度
四级残疾	55-75	50-69	轻度

注：DQ: Developmental Quotient，发育商

IQ: Intelligence Quotient，智商

AB: Adaptive Behavior，适应行为

表 2.7 适应行为分级

分 级	行为能力	需要的支持
极重度	不能与人交流，不能自理，不能参与任何活动，身体移动能力很差。	需要环境提供全面支持，全部生活由他人照料。
重度	与人交往能力差，生活方面很难达到自理，运动能力发展较差。	需要环境提供广泛支持，大部分生活由他人照料。
中度	能以简单方式与人交流，生活能部分自理，能做简单家务劳动，能参与部分简单的社会活动。	需要环境提供有限支持，部分生活由他人照料。
轻度	能生活自理，能承担一般家务劳动或工作，对周围环境有较好辨别能力，能与人交流和交往，能比较正常参与社会活动。	需要环境提供间歇支持，一般情况下生活不需他人照料。

（三）智力障碍的基本行为特点

智力障碍主要包含智力功能低下和社会适应行为缺损两方面损害。智力功能低下时，可表现为感知觉减低、注意力减弱、记忆障碍、语言发育迟缓、思维水平低下、情绪不稳定、行为懒散、依赖性强等；社会适应行为缺损时，可表现为生活自理能力降低或缺失、粗大运动和精细动作受损、动作协调性下降、对危险情况不敏感、无自我保护意识等。

二、精神障碍

（一）精神障碍定义

精神障碍是指大脑机能活动发生紊乱，导致认知、情感、行为和意志等精神活动出现不同程度障碍的总称。各类精神障碍持续 1 年以上未痊愈，并存在认知、情感和行为障碍，影响日常生活和社会参与者，可称为精神障碍。常见的有情感性精神障碍、脑器质性精神障碍，多与先天遗传、器质性病变、社会环境因素和个人因素等有关。

（二）精神障碍的程度

精神障碍分级根据《世界卫生组织残疾评定量表Ⅱ》（*World Health Organization-Disability Assessment Schedule Ⅱ*，WHO-DAS Ⅱ）和适应行为表现划分。其中：18岁以下患者只依据适应行为表现分级。见表2.8。

表2.8 精神障碍分级

分 级	WHO-DAS Ⅱ值	适应行为	需要的支持
一级残疾	≥ 116	适应行为严重障碍：生活完全不能自理，忽视自身生理、心理基本要求，不与人交往，无法从事工作，不能学习新事物。	需要环境提供全面、广泛支持，生活长期、全部需要他人照料。
二级残疾	106-115	适应行为重度障碍：生活大部分不能自理，基本不与人交流，只与照顾者简单交流，能理解照顾者简单指令，有一定学习能力，在监护下能从事简单劳动，能表达自己基本需求，偶尔被动参与社交活动。	需要环境提供广泛支持，大部分生活仍需他人照料。
三级残疾	96-105	适应行为中度障碍：生活不能完全自理，可与人简单交流，能表达自己情感，能独立从事简单劳动，能学习新事物但能力较差，被动参与社交活动，偶尔能主动参与。	需要环境提供部分支持，即所需要的支持是经常性的、短时间的，部分生活由他人照料。
四级残疾	52-95	适应行为轻度障碍：生活基本自理，但能力较差，能与人交流，能表达自己的情感，体会他人情感能力较差，能从事一般工作，学习新事物能力较差。	偶尔需要环境提供支持，一般情况下生活不需要他人照料。

注：WHO-DAS Ⅱ值：World Health Organization-Disability Assessment Schedule Ⅱ，世界卫生组织残疾评定量表Ⅱ值

（三）精神障碍的基本行为特点

精神障碍的特征是思维、情绪和行为出现紊乱，与文化信仰和规范不一致，可表现为身体、情绪、认知、行为、感知等各类症状。常见的精神障碍有精神分裂症、抑郁症、躁狂症、焦虑症、强迫症、创伤后情绪病、阿尔茨海默病等。

第五节　多重功能障碍者

多重功能障碍是指个体同时具有两种或两种以上的功能障碍，如肢体功能障碍合并视觉功能障碍、视觉功能障碍合并听觉功能障碍等。

多重功能障碍者的行为特点和辅助器具需求按相应的功能障碍情况可参考之前的章节。

第六节　老年人

随着人口老龄化进程不断加快，2024年年底，全国60岁及以上老年人口已达3.1亿人，占总人口的22%；预计2035年左右，60岁及以上老年人口将突破4亿，占总人口的30%，人口老龄化将是我国面临的重要问题。

年龄变化的特征是由生理状况各系统的变化导致的身体机能逐渐衰退，从而对环境的适应能力和应激能力不断减弱。老年人的行为特点主要表现在以下几点：

（1）感知能力退化。感知能力的变化会影响接收周围环境的信息，感觉系统出现衰退发生在65岁左右，最先表现的是视觉和听觉功能出现障碍，其他感觉也会逐渐出现退化现象，如味觉、触觉、嗅觉功能减退等。

（2）运动功能减退。运动功能减退主要表现为神经系统功能下降引起的反应迟钝、环境适应力差、思考能力降低、记忆力衰退等；骨骼肌肉系统功能下降引起的动作缓慢、平衡功能降低、容易疲劳、体力下降、容易骨折等，其日常生活会受到明显影响。

根据不同的身体健康程度及其生活自理能力，可以将受功能障碍影响的老年人划分为三个不同的类型，即自理型老年人、介助型老年人、介护型老年人。其分别对应了日常生活可以完全自理、日常生活存在轻中度依赖性、日常生活重度或严重依赖性的老年人，这决定了老年人的生活、行为、心理等一系列的特征及习惯。

第三章　不同对象居家无障碍环境需求

　　本章对不同障碍者的居家无障碍环境需求进行了深入探讨和分析。从肢体功能障碍者到多重功能障碍者，再到老年人，每个障碍类型都有其独特的需求和挑战。通过理解他们的这些需求，我们可以为每个群体提供更加合适和包容的无障碍环境设计。

第一节　肢体功能障碍者居家无障碍环境需求

根据第二章第一节中对肢体功能障碍者的形成原因与特性分析，本节选取了具有代表性的上肢功能障碍者与下肢功能障碍者作为主要介绍对象，并结合实际生活场景与环境中的设施需求进行分析与总结。

一、上肢功能障碍者居家无障碍环境需求

对于上肢功能障碍者，我们需要提供易于操作、获取和抓握的环境，以及尽可能安装其自我照顾的工具和设备，以便他们能够更加独立地完成日常生活中的基本动作。在下表3.1中列举了上肢功能障碍者居家环境中无障碍的需求与相应的描述。

表 3.1　上肢功能障碍者居家无障碍环境设计需求

需求	描述
操作方式	由于上肢功能障碍，个体可能难以进行一些日常生活中的精细动作，比如开关电器、操作遥控器、烹饪等。因此，环境设计需要考虑到这些操作，尽可能提供简单易用的操作方式。例如，可以通过语音控制或触摸屏来操作电器，或者设计易于抓握和操作的遥控器。
辅助抓握	上肢功能障碍者可能难以抓握和持握物品。因此，环境中的物品应该易于抓握，或者可以使用辅助器具来帮助他们完成这些动作。例如，可以提供较大和易于抓握的把手，或者提供机械臂等辅助器具来帮助他们进行抓握和持握动作。
辅助移动	虽然上肢功能障碍者通常具备较好的移动能力，但是在需要搬运重物或者从高处取物时，他们可能会遇到困难。因此，环境设计需要考虑到这些需求，尽可能提供易于搬运重物的工具或者降低家具和储物箱的高度。

二、下肢功能障碍者居家无障碍环境需求

下肢功能障碍者在日常生活中可能会面临的挑战,包括但不限于行走、站立、上下楼梯以及使用交通工具等。对于下肢功能障碍者的居家无障碍环境需求,我们需要提供易于行走、站立、上下楼梯,以及使用浴室、厨房和餐厅的环境。在表 3.2 中列举了下肢功能障碍者居家环境中无障碍的需求与相应的描述。

表 3.2 下肢功能障碍者的居家无障碍环境中设计需求

需求	描述
行走辅助	下肢功能障碍者可能需要使用拐杖、助行器或轮椅等辅助设备来行走。因此,环境设计需要提供足够的空间和无障碍通道,以便他们能够自由移动。此外,楼梯和斜坡等地方应设有安全扶手和防滑设施。
站立辅助	考虑使用者受力量、灵活性等限制,避免危险。对安装扶手的规定是,因为轮椅使用者在某些时候需要外部支撑才能保证安全,应设置可以辅助上下、保持身体姿势、防止跌倒而出现危险的扶手。比如在卫生间设备附近安装扶手,以便下肢障碍者的位移。
上下楼梯	轮椅使用者的视线高度较低,比一般健全人的视线高度要降低 30%～40%,因此其日常生活设施的高度需要在可视、可达的范围内。
洗澡和如厕	下肢功能障碍者在洗澡和如厕时可能需要额外的帮助。因此,需要提供易于接近和使用的浴缸或淋浴间,以及便于他们坐立和移动的厕所设施。
厨房和餐厅	在厨房和餐厅中,需要提供易于接近和使用的橱柜、炉灶和餐桌。此外,还应提供便于他们移动和储存食物的设施。

三、常见肢体功能障碍者的表现及辅助器具需求

在居家无障碍环境的设计与改造中,辅助器具不仅是肢体障碍群体与环境之间的纽带,更是他们实现生活自理、融入社会的重要工具。这些器具通过提供支撑、固定、代偿和补偿功能,帮助肢体障碍者应对日常生活中的各种挑战。在居家环境中,辅助器具的作用尤为显著。它们不仅为肢体障碍者提供了稳定的支撑,减少了跌倒等意外的风险,还能通过代偿和补偿功能,让他们能够完成一些原本难以完成的任务,如行走、拿取物品等。这些器具的设计往往考虑到了肢体障碍者的特殊需求,如轮椅的便捷操作、助行器的稳定支撑等,都为他们提供了更加安全、舒适的生活环境。

（一）偏瘫

1. 主要表现

偏瘫是指由脑卒中、脑外伤、脑肿瘤等原因所导致的以半侧肢体运动功能障碍为主要表现的一种常见残疾，可同时伴有感觉异常、失语、认知障碍、情绪低落、视物不全等症，致使患者日常生活活动完全或部分依赖。

常见的表现有：瘫痪侧肢体不能活动、活动困难或不灵活，伴随同侧上肢呈屈曲状，下肢呈伸展状，往往会出现感觉功能障碍，如对温度不敏感，容易烫伤；有些患者会出现言语障碍、认知障碍、情绪障碍等症。这些症状反映到日常生活中，表现为：

（1）日常生活活动能力下降或丧失，吃饭、喝水、洗漱、沐浴、更衣、大小便等都需要别人帮助。

（2）行走困难。不能独自行走，需要别人帮助或使用拐杖、助行器等辅助器具，严重者需使用轮椅。

（3）上下楼梯困难。

（4）不能使用日常简单工具，如不能打电话、剪指甲、扫地等。

（5）不能与人交流。

（6）丧失工作能力。

（7）吞咽障碍，表现为喂食时食物停留在口腔，饮水呛咳，流口水等。

2. 辅助器具需求

偏瘫患者使用辅助器具的主要作用有：支撑身体、保持良好体位、防止并发症；改善运动功能障碍及受限的关节活动范围；防止因不自主运动导致的协调能力下降；保持物品稳定，便于单手操作；减轻家庭护理难度；提高生活自理能力，改善生活质量；树立信心，扩大参与能力等。偏瘫患者应尽早开始使用辅助器具，以促进功能恢复和生活自理，减轻家庭护理难度，并将辅助器具的使用贯穿始终，即从发病早期一直到回归家庭和社会生活。

常用的辅助器具有：提供正确体位摆放的体位垫；防止废用综合征使用的侧翻身式护理床、直立床、床上靠架、防压疮床垫等；保护肩关节的肩部吊带、轮椅桌板、轮椅手托等；转移及移位用的移乘带、转移腰带、移位机等；出行使用的高靠背轮椅、偏瘫轮椅、功能轮椅、普通轮椅、单脚手杖、四脚手杖、单侧助行架等；预防及矫正畸形用的简易指套、分指板、腕手矫形器、下肢矫形器等；日常生活自理用的各类生活自助具等。

（二）脑瘫

1. 主要表现

脑瘫，是一组持续存在的中枢性运动和姿势发育障碍、活动受限综合征。这种综合征是由发育中的胎儿或婴幼儿脑部非进行性损伤所致。脑瘫的运动障碍常伴有感觉、直觉、认知、交流和行为障碍，以及癫痫和继发性肌肉、骨骼问题。是小儿致残的最常见疾病。

临床表现多以运动发育落后、姿势及运动模式异常、延迟反射消失、立直（矫正）反射及平衡反射延迟出现、肌张力异常为主。如痉挛型常表现为上肢屈肌张力增高，呈屈曲痉挛状，手指呈握拳状，动作笨拙、僵硬、不协调；双下肢僵直，走路踮足，呈交叉剪刀样步态。手足徐动型常表现为肢体或面部出现难以控制的、多余的不自主运动，稳定性差，协调困难，精细动作准确性低等。

2. 辅助器具需求

为脑瘫患儿选择辅助器具时，应遵循小儿运动发育顺序，即抬头、翻身、起坐、爬行、站立、行走，完成某一目标任务后，再开始下一个运动模式的干预。辅助器具的需求应根据脑瘫类型、障碍程度、患儿年龄、使用环境和目标需求的不同而有所变化，主要以预防矫正畸形、姿势保持、日常生活自理、移动、沟通交流、居家无障碍环境改造、学习工作能力重建等为主。

常用的辅助器具有：促进正常运动发育训练的楔形垫、巴氏球、滚筒、爬行架、平衡杠等；维持良好姿势和体位的三角椅、坐姿椅、站立架、助行架等；预防矫正畸形的矫形鞋、踝足矫形器、膝踝足矫形器、腕手矫形器等；日常生活自理用的以进食、洗漱、穿脱衣物、如厕、书写为主要内容的各类生活自助具，如防洒碗、大耳斜口杯、特制牙刷、重力笔等；出行使用的后置四轮助行架、脑瘫轮椅等。

（三）脊髓损伤

1. 主要表现

脊髓损伤是指由各种原因引起的脊髓结构、功能的损害，造成损伤节段以下运动、感觉、自主神经功能出现障碍。脊髓损伤分外伤性和非外伤性。颈脊髓损伤造成上肢、躯干、下肢及盆腔脏器的功能损害称为四肢瘫；胸段以下脊髓损伤造成躯干、下肢及盆腔脏器的功能而未累及上肢时称为截瘫。

临床表现为脊髓休克、运动障碍（四肢瘫或截瘫）、感觉障碍、体温控制障碍、痉挛、排便功能障碍、性功能障碍等。有部分患者会出现下肢行走困难，上肢肌张力低下，抓握能力降低或丧失；感觉丧失或减退，容易发生烫伤或损伤，会出现因天气变化引起的疼痛；大小便排泄困难，出现便秘、尿潴留、失禁等症；因长期卧床或维持坐位，会出现压疮、肌肉萎缩、关节僵硬、骨质疏松、肺部感染、深静脉血栓、体位性低血压等症。

2. 辅助器具需求

脊髓损伤患者使用辅助器具主要目的有：通过训练维持和增强残存肌力，完成生活动作，改善关节活动范围，增强运动能力，尽可能地预防和减少并发症，扩大活动空间，参与社会活动，改善心理状态，树立自信心等。

常用的辅助器具有：维持正确体位摆放的体位垫或楔形垫；防止废用综合征的翻身床单、侧翻身式护理床、起身绳梯、床旁护栏等；转移及移位用的移乘板、移乘带、转移腰带、移位机等；出行用的轮椅、防压疮坐垫、截瘫矫形器、助行架、腋拐、肘拐等；预防、矫正畸形用的颈托、腰围、踝足矫形器；日常生活自理用的各类生活自助具；控制居家环境用的眼控、声控、按键；无障碍环境设施、设备等。

（四）脊髓灰质炎后遗症

1. 主要表现

脊髓灰质炎又称为"小儿麻痹症"，是由脊髓灰质炎病毒引起的急性传染病，感染后部分人可出现发热、上呼吸道感染、肢体疼痛、头痛或无菌性脑膜炎，少数人出现肢体瘫痪，严重者可因呼吸麻痹而死亡。

根据临床表现，可分为无症状型、顿挫型、无瘫痪型及瘫痪型。瘫痪多不对称，常见的是四肢瘫痪，尤其以下肢瘫痪多见，多数为单肢瘫痪，其次为双肢，三肢及四肢同时瘫痪者少见。特点为下运动神经元性瘫痪，呈弛缓性，肌张力减退，腱反射减弱或消失。

2. 辅助器具需求

脊髓灰质炎后遗症主要通过对下肢进行干预，以达到辅助站立、行走等作用，提高患者生活自理能力。辅助器具有补偿下肢长度的矫形鞋垫或增高鞋；辅助出行的手杖或腋拐，可通过使用轮椅、手摇三轮车等实现长距离出行；使用下肢矫形器，如矫形鞋、踝足矫形器、膝部矫形器等，以对下肢提供有力支撑，可预防或矫正因过度承重而引起的下肢畸形。

（五）骨关节疾病

1. 主要表现

骨关节疾病是指由外伤、感染、先天性发育异常、退行性变、免疫功能障碍等原因造成的骨和关节损害，从而导致行走、活动等运动功能受影响的一组疾病，常见的骨关节疾病有关节炎、类风湿性关节炎、骨折等。

常见的表现：骨关节病多发生于负重关节，以下肢膝、髋关节多见，其次为脊柱、手指等，患者主要出现受累关节疼痛、肿胀、活动受限。随着病情发展可逐渐造成关节变形、周围肌肉萎缩、运动障碍等，影响站立、行走、蹲坐、抓握等基本活动功能。

2. 辅助器具需求

骨关节疾病早期使用辅助器具可以局部制动、缓解疼痛、固定和支持损伤部位，减轻下肢承重，促进康复训练。当骨关节疾病影响到日常生活时，如上肢协调和抓握功能及下肢承重、行走时，可通过辅助器具的使用来提高损伤肢体的功能能力。

常见的辅助器具有：制动及预防、矫正畸形使用的各种矫形器；辅助出行使用的手杖、前臂支撑拐、腋拐、助行架、轮椅等；日常生活自理用的各类生活自助具等。

（六）截肢患者

截肢患者因部分肢体缺失而引起相应的功能障碍，如下肢截肢会影响站立、行走等，上肢截肢会影响日常生活等。截肢患者根据残肢条件，可以安装假肢，其中上肢假肢包括装饰性上肢假肢、功能性上肢假肢和工具手；下肢假肢包括大腿假肢和小腿假肢，必要时需配合手杖、腋拐使用。对于不能安装假肢的下肢截肢患者，可以使用轮椅。

第二节　视觉功能障碍者居家无障碍环境需求

根据第二章第二节中对于视觉功能障碍者的形成原因与特性分析，本节选取了具有代表性的低视力者与盲人作为主要介绍对象，并结合实际生活场景与环境中的设施需求进行分析与总结。

一、低视力者居家无障碍环境需求

对于低视力者的居家无障碍环境需求，我们应提供易于导航、识别和进行日常生活的环境。下表 3.3 列举了低视力障碍者居家环境中无障碍的需求与相应描述。

表 3.3 低视力者的居家无障碍环境需求

需求	描述
照明和视觉环境	低视力者的照明是非常重要的，理想的照明可以增强他们对周围环境的感知。理想的照明取决于患者的需要、眼病情况及工作类别以及阅读字体的大小。不同疾病所需的照明强度不同，如白化病、先天性无虹膜、白内障和角膜中央浑浊的病人适合低照度，老年人比青年人需要高的照度。因此，合适的照明设计和布局对于他们来说非常重要。例如，可以使用明亮柔和的灯光，避免形成眩光。此外，提高对比度和色彩识别能力也是关键，例如在厨房或浴室中提供对比度高的颜色编码或标记。
家具和布局	低视力功能障碍者可能难以辨别小物体或分辨细小的特征，因此家具和布局应该简单明了，避免过多装饰和细节。家具的形状和质地也很重要，应该避免使用过于光滑或难以抓握的材质。此外，提供易于接近和使用的家具也是关键，例如使用低矮的橱柜和较宽的通道。
导航和标识	低视力功能障碍者在室内和室外环境中都可能会遇到导航困难。因此，提供易于识别的标识和导航辅助工具非常重要。例如，使用明亮的照明和鲜明的色彩突出关键区域，通过放大字体和图像提高阅读和识别信息的准确性。
日常生活辅助	低视力功能障碍者在日常生活中可能需要额外帮助。例如，提供易于阅读和使用的书籍和杂志，或者提供语音控制来辅助他们使用家电和设备。

二、盲人的居家无障碍环境需求

对于视觉完全障碍的盲人群体来说，相较于低视力者，他们需要更强的听觉、触觉和嗅觉等其他感官的辅助和补偿，以及更多的日常生活辅助器具和设备来帮助他们进行日常活动。在表 3.4 中列举了盲人居家环境中无障碍的需求与相应描述。

表 3.4 盲人的居家无障碍环境需求

需求	描述
引导和标识	盲人需要依靠听觉、触觉和嗅觉等其他感官来感知周围环境。因此，提供清晰易懂的引导和标识非常重要。常见的引导与标识类型有： ①设置盲文标识。盲文标识是一种重要的设计元素，可以帮助盲人通过触觉感知文字信息。在居家环境中，可以在关键区域放置盲文标识，例如，在门口放置指示牌或在电器设备上放置操作指南。 ②使用声音提示。声音提示可以帮助盲人通过听觉感知周围环境中的信息。例如，在门口安装声音提示器，当有人经过时发出声音提示，或者在电器设备上安装语音提示器，以便盲人知道设备的状态或操作方法。 ③触觉导向。振动提示可以帮助盲人通过触觉感知周围环境中的信息。例如，在床头柜上安装振动闹钟，通过振动提示盲人起床，或者在电器设备上安装振动提示器，以便盲人知道设备的状态或操作方法。 ④嗅觉标识。可帮助他们识别方向和目标。
家具和布局	盲人能够独立地移动和操作家具，需要更注重使用触觉和听觉来感知家具的位置和形状。例如，他们可以通过触摸家具的质地和形状来识别不同的家具，在无障碍环境设计中可以通过使用不同材质的家具来辅助盲人进行快速辨别。

三、视觉功能障碍者辅助器具需求

视觉功能障碍者需要依赖特定的辅助器具来感知环境、完成日常任务以及进行康复训练。这些辅助器具不仅有助于补偿或代偿受损的视觉功能，还能显著提高他们的活动能力，让他们能够在家中自由、安全地移动。合适的辅助器具不仅能够帮助他们完成日常生活中的各种活动，还能提升他们的自信心和独立生活的能力。

（一）辅助器具分类

根据功能代偿或补偿的方式，分为视觉类辅助器具和非视觉类辅助器具。

1. 视觉类辅助器具

视觉类辅助器具又叫助视器，是指可以改善视觉功能障碍者活动能力的任何装置或设备，包括：光学助视器、电子助视器、专用滤镜等。

2. 非视觉类辅助器具

非视觉类辅助器具即盲用辅助器具，是指利用视觉以外的其他感官功能代偿，提高视觉功能障碍者活动能力的装置或设备，包括：手机或电脑读屏软件、听书机、语音寻物器、盲表、盲杖、盲文等。

（二）辅助器具的选择

选择辅助器具时，应根据使用者的病因、障碍程度、目标需求、使用环境等个性化评估适配，并适时地开展康复训练，如表 3.5 所示。

表 3.5 辅助器具的选择

用途	功能代偿或补偿	常用辅助器具
定向行走用	借助听觉和触觉代偿功能。	盲杖、单筒望远镜、遮阳帽、滤光镜、带盲文或语音的扶手、按钮、手机内置卫星定位导航系统或语音指南针等。
日常生活用	通过盲文、语音提示等提高视觉功能障碍者的活动能力。	带盲文的生活用品、带盲文或语音的厨房用具、带语音、盲文或有振动功能的提醒器等。
阅读书写用	通过借助残存的视觉功能，或听觉、触觉完成信息获得。	远、近用光学助视器、电子助视器、读屏软件、盲文书写系统、听书机、语音阅读器、裂口器等。

第三节 听觉和言语功能障碍者居家无障碍环境需求

一、听觉功能障碍者居家无障碍环境需求

对于听觉功能障碍人群的居家无障碍环境需求，我们需要提供辅助设备来帮助他们更好地识别和理解声音，使用易于沟通的工具和设备进行有效交流，用可视化方式替代声音提示，给予他们直观提醒，避免由于无法感知声音信息而带来的安全问题。在表 3.6 中列举了听觉功能障碍者居家环境中无障碍的需求与相应描述。

表 3.6 听觉功能障碍者居家无障碍环境需求

需求	描述
辅助声音感知	听觉功能障碍者可能无法听到或难以识别环境中的声音。因此，居家环境需要提供适当的辅助设备和技术，例如助听器、听力增强软件或文字转语音设备等，以帮助他们更好地感知和理解周围环境中的声音。
辅助通信	由于听觉功能障碍，患者与他人进行沟通可能会变得困难。因此，居家环境需要提供易于使用的通信工具和设备，如文字电话、视频电话或即时通讯软件，以帮助他们进行文字、语音或视频通信。
警示设计	对于无法听到或识别声音提示的人来说，居家环境需要提供其他方式的提醒，例如，可以使用震动器、光闪烁等可视化提示方式来传递重要信息或警告，以确保他们不会错过重要的通讯或危险预警。
辅助操作	由于听觉障碍，患者可能难以听到或识别环境中的声音，例如炉子上的开水声或洗衣机的工作声。因此，居家环境需要提供易于使用的环境控制设备和技术，如智能居家控制系统或可视化界面，帮助他们更好地监控和控制周围环境中的设备和工作状态。

二、言语功能障碍者居家无障碍环境需求

对于言语功能障碍者的居家无障碍环境需求，我们需要提供易于使用的通信工具和设备、易于使用的声音输出和输入设备、易于阅读的文字和图像提示、易于使用的环境控制设备和技术及心理支持和情感关怀等方面的设计和考虑。在表 3.7 中列举了言语功能障碍者居家环境中无障碍的需求与相应的描述。

表 3.7 言语功能障碍者居家无障碍环境需求

需求	描述
辅助沟通	住宅设计应该考虑到言语功能障碍者的交流需求，并为其提供方便有效的交流途径。实用的设施可以包括语音识别技术、手语翻译设备等。
引导和标识	言语功能障碍者可能难以听到或理解口头指示，但他们可以通过文字和图像来获取信息。因此，居家环境需要提供易于阅读的文字和图像提示，例如标识牌、指示图或菜单等，以帮助他们更好地理解周围环境中的信息。
辅助操作	言语功能障碍者可能难以用语言来表达自己的需求和问题，因此需要使用其他方式来控制和监测周围环境。在居家环境中，他们可能需要易于使用的环境控制设备和技术。

三、听觉和言语功能障碍者辅助器具需求

辅助器具在听觉和言语功能障碍者的日常生活中扮演着重要的角色。它们不仅能够补偿或改善受损的听觉和言语功能，还能帮助患者更好地融入居家环境，提高生活质量。辅助器具包括但不限于助听器、声音放大器、语音识别系统等。它们的设计和使用旨在确保听觉和言语功能障碍者能够清晰地接收声音信息，流畅地表达自己的想法和需求。

（一）接收信息

接收信息主要针对的是听觉功能障碍者，包括助听器和其他辅听设备等。

1. 助听器

主要用于听觉补偿，供有部分残存听觉功能的障碍者使用。按外形分为盒式、耳背式、耳内式、耳道式和深耳道式助听器。其中耳背式助听器是目前国内使用最广泛的一类助听器；按传导方式分为气导助听器、骨导助听器和触觉助听器。其中气导助听器为主流助听器；按技术电路分为模拟助听器、可编程助听器和数字助听器。

2. 人工耳蜗

人工耳蜗对于听觉功能障碍者来说，可以帮助重度以上耳聋患儿和成人重建听觉。人工耳蜗又称电子耳蜗，是一种声－电换能装置，可不需要内耳毛细胞帮助，

直接刺激耳蜗神经使患者重新获得听觉。主要适用于年龄 1～5 岁的语前聋患者，双耳重度或极重度感音神经性语后聋患者。

3. 其他辅听设备

因为环境噪声及其听取距离对助听器的影响，在接听电话、参加会议、欣赏影视剧、观看比赛、收看电视时，助听器无法取得较好的听觉效果，此时可通过其他辅助器具改善或提高助听器的使用效果。常用的辅听设备有个人无线调频系统、电磁感应线圈系统、蓝牙系统、电视辅助技术、电话辅助系统、听觉代偿辅助技术等，其中目前最常使用的听觉代偿辅助技术包括：闪光门铃、振动闹钟、可视电话。

（二）输出信息

言语功能障碍者无法通过语言输出信息与人交流，需要通过其他方式，如手势、面部表情、身体动作、手指拼写、书写、代发声工具等。言语功能障碍者可通过使用言语增强与交流替代系统（Augmentative and Alternative Communication，AAC）达到输出信息的目的。常用的 AAC 有手写板、语言沟通软件、图片或文字沟通板等。

第四节　智力和精神功能障碍者居家无障碍环境需求

一、智力障碍者居家无障碍环境需求

对于智力障碍者的居家无障碍环境需求，我们需要提供安全的环境、舒适的设计、简单清晰的空间布局、易于使用的家具和设备以及情感支持等方面的考虑。在表 3.8 中列举了智力障碍者居家环境中无障碍的需求与相应的描述。

表 3.8 智力障碍者居家无障碍环境需求

需求	描述
安全性	智力障碍者可能需要更多的安全保障。在居家环境中，应尽量消除安全隐患，如避免使用带尖锐角的家具，确保电线和插座放置在安全的位置，以及使用防火和防盗设备等。

续表

易理解性	智力障碍者可能对空间布局的理解有限。因此，居家环境应尽量采用易于理解的空间布局设计，例如，使用不同的区域来分隔不同的活动和功能，以及使用明显的标识和指示来帮助他们理解和记忆。可以在不同的房门上贴不同颜色的标签或图片，以帮助他们更好地辨认和记忆。
辅助操作	智力障碍者可能需要使用一些特殊的家具和设备来帮助他们更好地生活，例如，使用带有大字和图案的日用品，以及使用辅助器具来帮助他们移动或完成日常任务。
通达性	确保房屋内外的通道宽敞，以便患者行动。特别是在门口和门廊等区域，应确保没有障碍物，以便患者出入。

二、精神功能障碍者居家无障碍环境需求

对于精神功能障碍者的居家无障碍环境需求，我们需要提供安全的环境、舒适的设计、简单清晰的空间布局、易于管理的环境以及社交互动和心理支持等方面的考虑。在表 3.9 中列举了精神功能障碍者居家环境中无障碍的需求与相应的描述。

表 3.9 精神功能障碍者居家无障碍环境需求

需求	描述
安全性	对于精神功能障碍者，居家环境应提供足够的安全保障。例如，应确保室内没有危险物品，避免放置可能会引起情绪波动的物品，并确保居家环境内的紧急出口畅通无阻。避免地面、墙面和天花板上出现尖锐物件或棱角分明的物件，建议在危险物品上标注警示符号、标志和颜色。
私密性和隐私性	精神功能障碍者需要保持适度的私密性和隐私性来维护自尊心和价值感。精神疾病患者往往对环境中的刺激较为敏感，因此居家环境应尽量舒适，减少过度嘈杂的环境噪音、强光等刺激。保持室内环境的安静和温馨，有助于患者保持身心放松。
药物管理	精神功能障碍者可能需要经常服用药物，因此居家环境应尽量易于管理，例如，可以设置一个专门的柜子来存放药物，以确保药物不会与日常用品混淆。
灵活的空间设置	适应精神功能障碍者的特殊需求，住宅应该具有灵活性和可更改的空间，包括可调节床铺、可定制的储存空间，以及根据不同活动或时间设置各种布局组合。
社交互动	精神功能障碍者可能需要与家人、朋友或医护人员进行社交互动。在居家环境中，可以设置一个舒适的社交区域，提供一些娱乐设施或活动，以促进患者与他人的交流和互动。

三、智力和精神功能障碍者辅助器具需求

智力及精神功能障碍者在居家生活中面临着多重挑战，这就要求我们在设计和改造居家环境时，不仅要关注辅助器具的功能性，还要注重它们与环境是否和谐融合。合适的辅助器具与无障碍环境的完美结合，不仅能够为这一特殊群体提供安全、舒适的生活空间，还能有效地促进他们的康复进程，帮助他们更好地融入社会。

常用的辅助器具有：认知功能训练类，如认知拼装积木、拼图游戏、几何图形插件等；信息提示类，如物品防丢报警器、提示条或标签、智能提示药盒、语音钟表等；安全防护类，如定位器、防走失腕表、护栏、防撞条、防触电插套等；日常生活自理类，如各类生活自助具、轮椅、助行架等。

第五节　老年人居家无障碍环境需求

老年人居家无障碍环境需求是老年人体会生活质量高低的重要因素。如第二章第六节中所述，一般来说我们按照自理型老年人、介助型老年人、介护型老年人来区分老年居住者的生活自理水平。老年人的行为特性与辅具需求不同，在居家环境中，自理型老年人、介助型老年人、介护型老年人的需求有所不同，本章节主要是对上述三类老年人居家无障碍环境的不同需求进行介绍。

一、自理型老年人居家无障碍环境需求

自理型老年人居家环境进行无障碍设计的需求应包括通行无障碍、地面防滑、家具和设备适应性、易于操作的照明和通风、易于清洁和整理的空间以及紧急呼叫系统等方面。通过满足这些需求，可以为自理老年人创造一个安全、舒适、便利的居家环境，提高他们的生活质量。在表 3.10 中列举了自理型老年人居家环境进行无障碍设计的需求。

表 3.10 自理型老年人居家无障碍环境需求

需求	描述
通行无障碍	老年人需要确保居家环境中通行无障碍，避免地面存在高低差、门槛、轮椅坡道等障碍物。同时，室内应设有足够的通行空间，以避免家具和设备占用通行区域。
地面防滑	老年人需要关注地面的防滑性能，以避免在行走或使用轮椅时发生意外跌倒。因此，地面应选择具有防滑性能的材料，如防滑砖、防滑地毯等。
家具和设备适应性	老年人需要使用一些特殊的家具和设备来帮助他们独立生活。这些家具和设备应便于使用，符合老年人的身体特征和日常生活习惯。例如，设置易于开启的储物柜、高度可调的桌椅、易于操作的电器设备等。
照明和通风	老年人需要确保居家环境的照明和通风条件良好，以保持室内光线充足、空气流通。因此，应选择易于操作的照明和通风设备，例如易于开关的窗户、便于调节的灯光等。
清洁和整理	老年人需要一个易于清洁和整理的居家无障碍环境，以保持生活空间的整洁和卫生。因此，设计时应关注空间布局的合理性，避免存在难以清洁的死角和障碍物。
紧急呼叫系统	老年人需要有一个紧急呼叫系统，以应对突发事件。该系统应设置在老年人容易触及的地方，并具有快速呼叫的功能。

二、介助型老年人居家无障碍环境需求

在自理型老年人居家无障碍环境需求满足的基础上，介助型老年人增加了对辅助器具与护理的需求。在表 3.11 中列举了介助型老年人居家环境进行无障碍设计的需求。

表 3.11 介助型老年人居家无障碍环境需求

需求	描述
辅助器具	介助型老年人需要使用一些辅助器具来帮助他们进行日常活动。这些辅助器具应易于使用，并放置在方便取用的位置，例如，拐杖、助行器、轮椅等应存放在容易获取的地方，同时也要考虑到使用这些器具的便利性和安全性。

续表

专业的护理支持	介助型老年人可能需要专业的护理支持来帮助他们完成日常生活活动。居家无障碍环境中应设有适当的护理设施和空间，例如护理人员的休息室、储物空间等。

三、介护型老年人居家无障碍环境需求

在自理型老年人、介助型老年人居家无障碍环境需求满足的基础上，为介护型老年人增加了更为密切和严格的护理的需求。在表 3.12 中列举了介护型老年人居家环境进行无障碍设计的需求。

表 3.12 介护型老年人居家无障碍环境需求

需求	描述
专业的护理设施	介护型老年人需要更专业的护理设施来满足他们日常生活需求。这些设施包括但不限于护理床、护理椅、洗浴设备等，这些设备应符合人体工程学，便于使用且能保证介护型老年人的舒适度和安全。
定期的医疗护理	介护型老年人通常需要定期接受医疗护理，如药物治疗、物理疗法等。因此，居家环境中应设有相应的医疗设施和药品管理设施，以确保他们能够及时获得必要的医疗服务。
24 小时护理支持	介护型老年人可能需要 24 小时护理支持，以保证他们的生活安全和舒适。居家环境中应设有相应的护理人员休息室和储物空间，以便护理人员能够随时提供必要的护理服务。
紧急响应系统	介护型老年人可能需要一个紧急响应系统，以应对突发事件。该系统应设置在老年人容易触及的地方，并具有快速呼叫功能。同时，应定期检查和更新紧急响应系统，以确保其正常运行。

四、老年人辅助器具需求

在居家无障碍环境设计与改造的过程中，老年人辅助器具的需求不容忽视。老年人群，作为永久性功能障碍者的重要组成部分，对辅助器具的依赖与日俱增。随着年龄的增长，老年人的身体机能逐渐衰退，视力、听力、行动能力等方面都可能会受到影响。因此，针对老年人的行为特点，设计合适的辅助器具成为提升他们生活质量的关键。这些辅助器具的设计与应用，不仅要关注老年人的功能障碍，还应

与居家环境的改造紧密结合。通过合理的无障碍环境设计,如设置无障碍通道、增加照明亮度等,可以进一步提升辅助器具的使用效果,为老年人创造一个安全、舒适、便利的居家生活环境。

助视器具,如放大镜、电子阅读器等,可以帮助老年人克服视力障碍,让他们能够更清晰地阅读书籍、报纸等文字资料。助听器具,如助听器、声音放大器等,则能帮助老年人改善听力,让他们能够更清晰地听到对话、广播等声音信息。这些器具的应用,不仅提高了老年人的感官体验,也增强了他们的社交能力。

在行动辅助方面需使用辅助行走的器具,如拐杖、轮椅等,以增强行走的稳定性和安全性。家庭护理器具,如血压计、血糖仪等,则能方便监测健康状况,及时发现问题。此外,安全防护器具,如防滑垫、扶手等,也能为居家生活的老年人提供重要的安全保障。

第四章　居家无障碍环境公共设施改造设计

居家无障碍环境的公共空间改造设计主要从公共空间的出入口、坡道、楼梯和台阶、电梯四个方面进行无障碍改造、通用性改造，进而提升公共空间的无障碍化。

第一节 出入口

住宅的出入口是联系室内空间和室外空间的交通枢纽，因此应该满足安全、方便、易识别等要求。当出入口设置台阶时，应同时设置轮椅坡道（如图 4.1），但不能采取只设轮椅坡道而不设台阶的做法。因为轮椅坡道对一些人的行走是不方便的，如脚踝部受伤的人。

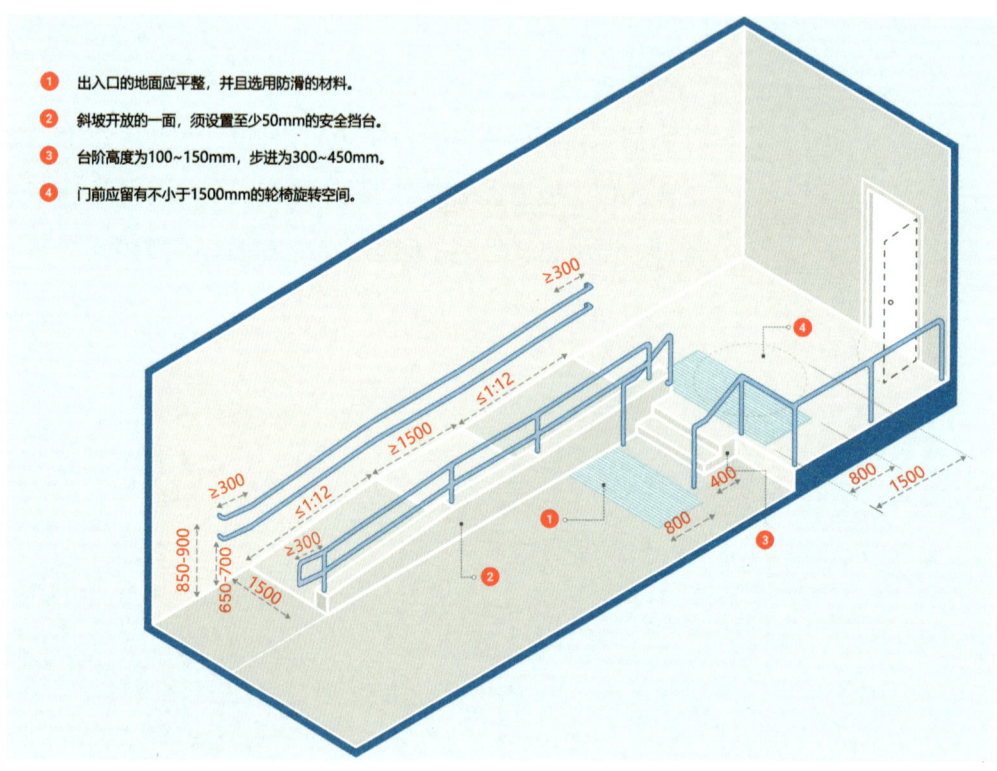

图 4.1 同时设置台阶和轮椅坡道的出入口（单位：mm）

出入口的设计要求：

（1）斜坡开放的一面，应设置安全扶手，且应设置不小于 50mm 的安全挡台。

（2）出入口的地面应平整，并且选用防滑的材料。

（3）出入口的平台要满足轮椅的回转、人员的停留及疏散的要求，平台的净深度在门完全开启的状态下，旋转空间不应小于 1500mm。

（4）出入口的上方应该设置雨棚，避免上方落下异物，以及雨雪天气时地面湿滑发生跌倒的危险，雨棚出挑的宽度应能够覆盖出入口的平台。

（5）出入口的内外都应设置照度充足的照明灯具，使人能够分辨出台阶和坡道的轮廓。设置门禁的单元门，应提供局部照明，使人能够分辨出门禁的操作按钮。

第二节 坡道

在人们的通行路线上有高差时，在设置台阶的同时应设置轮椅坡道。轮椅坡道应在坡长、坡度、宽度、坡面材质、扶手形式的设计等方面方便乘轮椅者通行，在出入口设置轮椅坡道时应符合下面的原则：

（1）轮椅坡道的坡面应平整、防滑、无反光。坡面上不能选用质地坚硬并进行抛光处理的石材，因为在雨雪天气时，人走在上面很容易滑倒。也不宜为了增大摩擦力，将坡面做成礓磋形式，或是做割槽处理，这种做法会让乘轮椅者感到行驶不畅；当坡面上被沙尘、泥土覆盖时，凹槽会被填平，不能起到防滑的作用。

（2）无障碍出入口的轮椅坡道净宽不应小于1200mm，但也不宜做得太宽，以节省空间。1200mm的宽度能保证一辆轮椅和一个人侧身通行（如图4.2），或者是一个人搀扶另一个人行走。

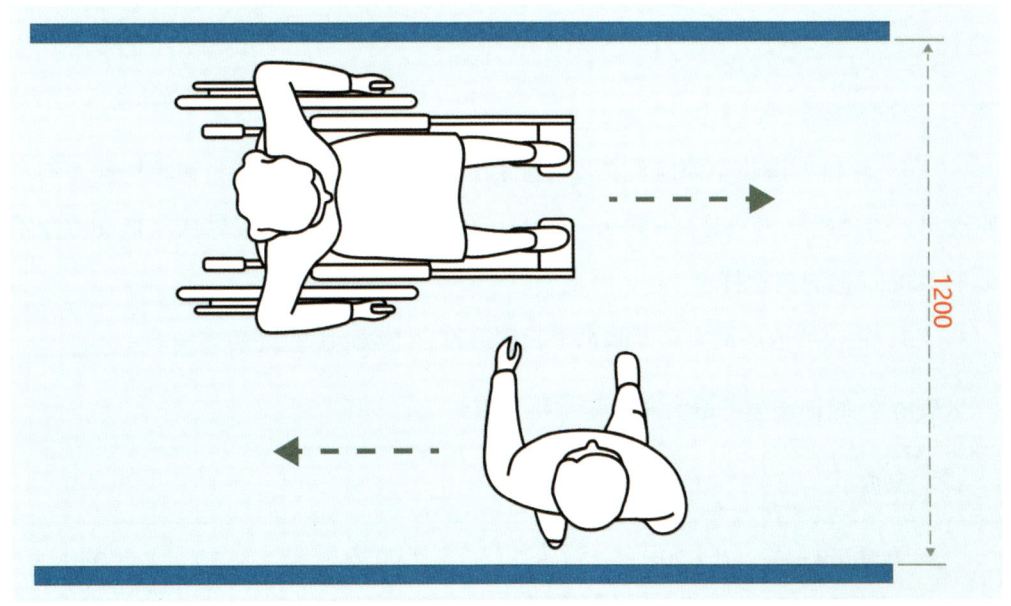

图 4.2 轮椅坡道最小净宽度（单位：mm）

（3）轮椅坡道的高度、长度要求。一般无障碍坡道坡度比≤1:12。轮椅坡道起点、终点和中间休息平台的水平长度不应小于1500mm。轮椅坡道起点和终点设置休息平台是为了方便乘轮椅者进行回转。中间设置休息平台是为了让使用者可以短暂休息，以避免体力不支。同时为了避免下行速度过快而发生危险，起到缓冲作用。当轮椅坡道的高度超过300mm且坡度大于1:20时，应设置扶手。坡道与休息平台的扶手应保持连贯（如图4.3）。

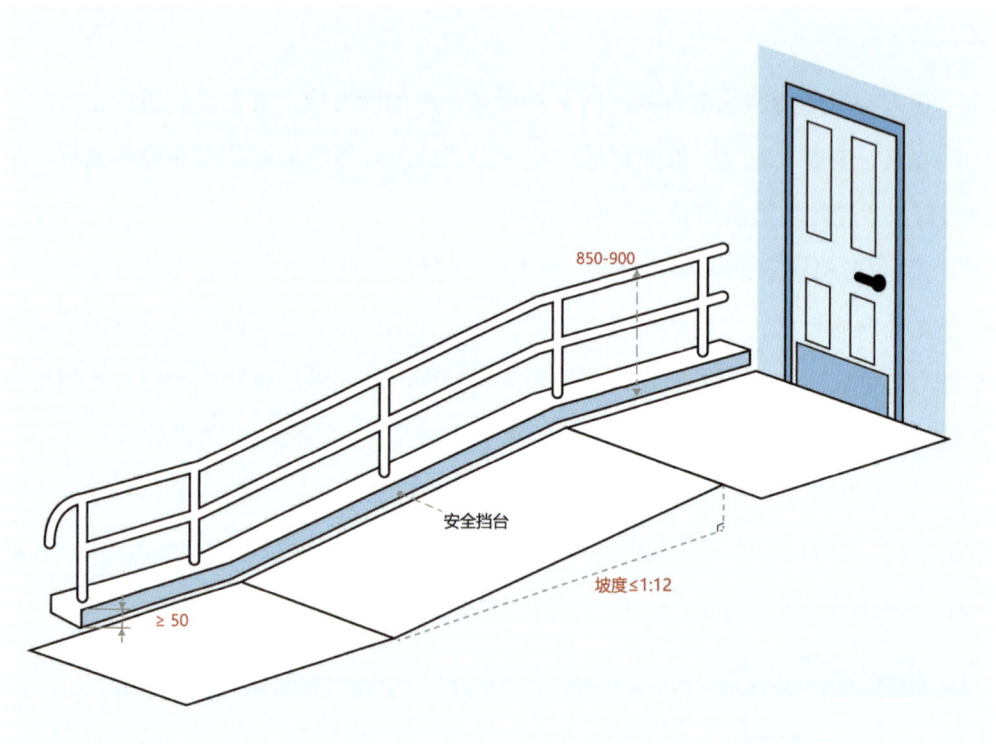

图4.3 轮椅坡道设计要求（单位：mm）

（4）轮椅坡道临空侧应设置安全阻挡措施。为了防止拐杖头和轮椅前面的小轮滑出，阻挡措施可以是高度不小于50mm的安全挡台，也可以做成与地面空隙不大于100mm的斜向栏杆。

（5）轮椅坡道的最大高度和水平长度应符合下表4.1的规定。

表4.1 轮椅坡道的最大高度和水平长度

坡度	1:20	1:16	1:12	1:10	1:8
最大高度(m)	1.20	0.90	0.75	0.60	0.30
水平长度(m)	24.00	14.40	9.00	6.00	2.40

第三节 楼梯和台阶

室外的台阶踏步设计应适应不同类型的人群,从高度、宽度、可视性等角度上有以下设计要求:

(1)踏步数及尺寸的要求。室外台阶踏步的宽度不宜小于300mm,踏步的高度为100～150mm,每级踏步的高度应均匀设置,以方便蹬踏(如图4.4b)。当入口平台与周围地面高差小于一步台阶时,可直接设置为平缓的坡道。

(2)踏面、踢面的要求。台阶的踏面应平整并选用防滑的材料,不宜选择容易引起视觉错乱的条格状图案,以免影响视觉障碍者的正确识别。台阶上行及下行的第一阶,应在颜色或材质上与其他阶有明显区别,或在踏面和踢面的边缘做水平的色带,以提醒视觉障碍者踏步的变化(如图4.4a)。

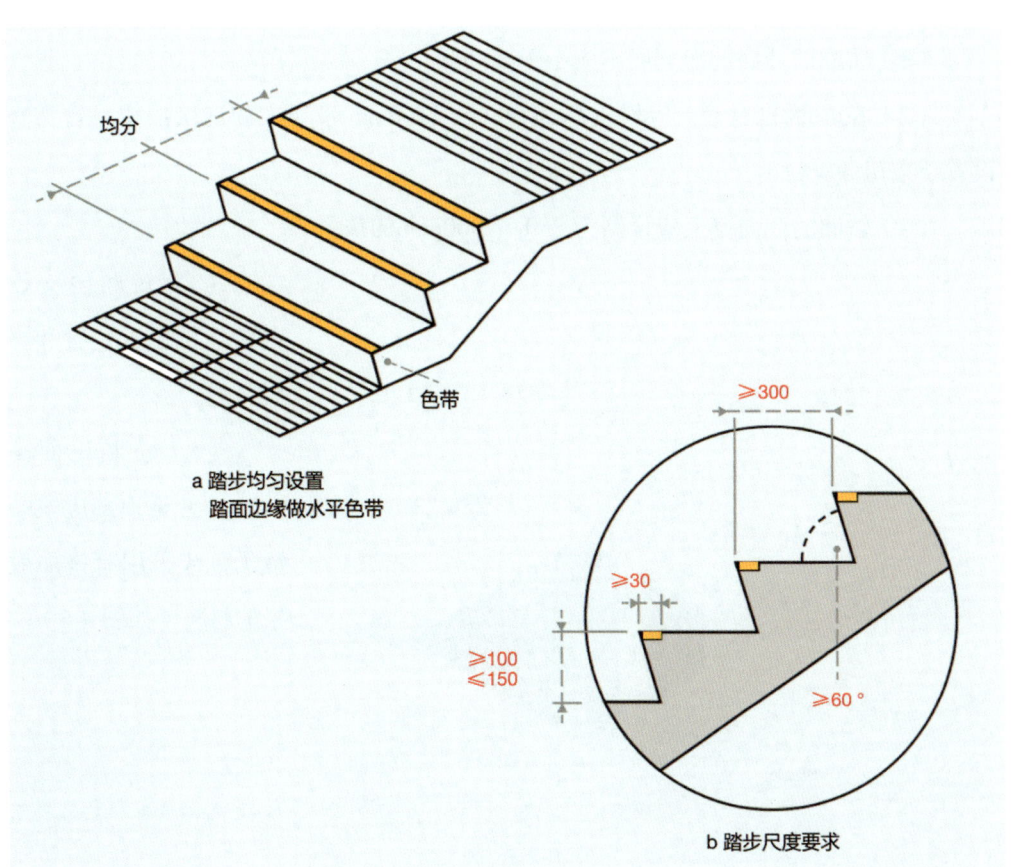

图4.4 室外台阶踏步的设计要求(单位:mm)

第四节 电梯

一、候梯厅的尺寸要求

（1）乘轮椅者在到达电梯厅后，要转换位置和等候，因此候梯厅深度不应小于1500mm，如果兼顾到多人等候和运送救护担架等情况，应大于或等于1800mm（如图4.5）。

（2）电梯呼叫按钮高度应为 900～1100mm。

（3）电梯门洞的净宽度不应小于 900mm。

（4）候梯厅应设电梯运行显示装置和抵达音响。

二、轿厢的设计要求

（1）轿厢门开启的净宽度不应小于 800mm。

（2）在轿厢的侧壁上应设置高为 900～1100mm 带盲文的选层按钮，盲文宜设置于按钮旁。

（3）轿厢的三面壁上应设高为 850～900mm 的扶手。

（4）轿厢内应设电梯运行显示装置和报层音响。

（5）轿厢正面高 900mm 处至顶部应安装镜子，或采用有镜面效果的材料（如图4.5）。

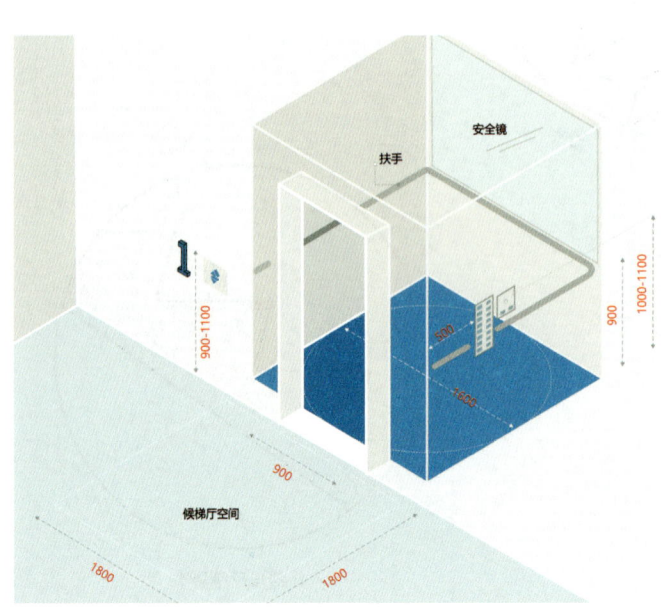

图 4.5 无障碍电梯设计要求（单位：mm）

（6）轿厢的规格应依据建筑性质和使用要求的不同而选用。比较适宜选择的规格为深度和宽度均应不小于1000mm，宜大于1500mm以方便轮椅使用者乘坐，轮椅正面进入电梯后，可直接回转后以正面驶出电梯。如果有条件，应选择一部能满足担架床进出的电梯。

第五章　居家无障碍环境室内空间改造设计

　　室内空间改造设计是居家无障碍环境设计与改造的核心内容，从居住者实际需求出发，对室内空间的门厅、客厅、餐厅、卧室、书房、厨房、卫生间等各空间进行无障碍改造、通用性改造，提升室内空间的无障碍化。本章所述室内空间改造设计的居住者以肢体功能障碍者为主，对视觉、听觉等其他功能障碍者的设计与改造，在此只作简要叙述。

第一节 门厅

一、功能分区与基本尺寸

入户门厅是住宅套内外的过渡空间。虽然其占用面积通常不大，但使用频率较高，其间的活动内容也较多，例如归家开门时手中物品的暂放、更衣及换鞋、轮椅的暂存、迎送宾客等。因此入户门厅的各个功能须安排得紧凑有序，以保证居住者出入时的动作便利、顺畅、安全。门厅是进出门的准备区域，可细分为以下几个区域。

（一）功能分区和基本要点

无障碍住宅门厅的功能分区如图 5.1 所示。

1. 开门准备区

居住者开门前的准备空间。可设置物台，便于居住者取放手中物品，腾出手找钥匙开门。

2. 轮椅暂放区

门厅的轮椅暂放空间。应按照轮椅折叠后的尺寸预留相应的空间，并且不能影响居住者在门厅的其他活动。轮椅暂放区应尽量满足轮椅转向的需求，并考虑留出护理人员的操作空间。

3. 通行及准备区

门厅内联系住宅室内外的通道，也是居住者做出行准备的区域。其地面材质要耐污、防滑，避免出现障碍物。

4. 更衣及换鞋区

居住者外出前后更换衣物、鞋子的区域。需设置鞋柜、鞋凳、衣物挂钩，并应设置扶手或替代物。宜有合适的

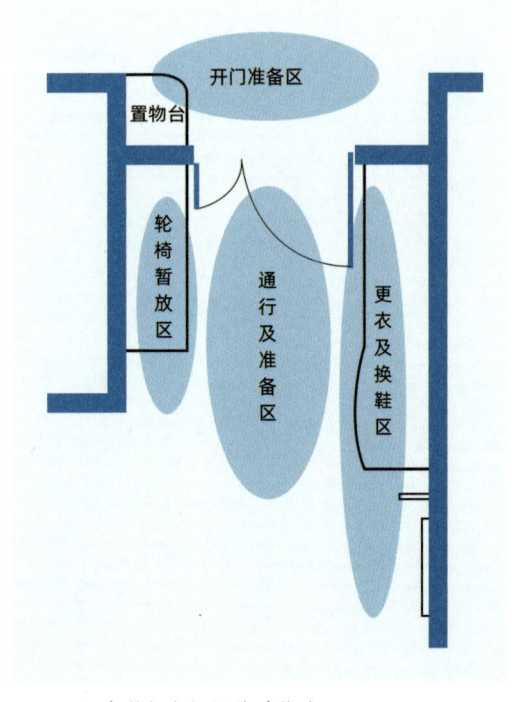

图 5.1 无障碍住宅门厅的功能分区

台面用于放置钥匙、帽子、钱包等随身物品。

（二）平面基本尺寸要求

无障碍住宅门厅的平面基本尺寸要求如图 5.2 所示。

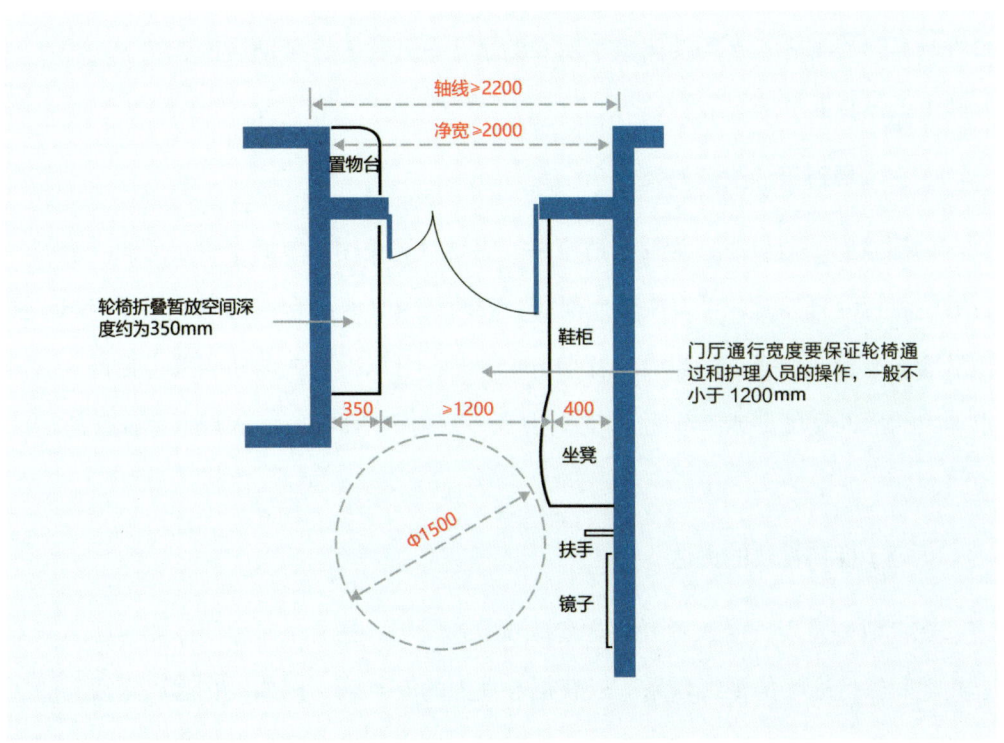

图 5.2 门厅的平面基本尺寸要求（单位：mm）

二、空间设计原则

无障碍住宅的门厅空间设计通常需注意以下一些要点。

（一）确定适当的门厅形式

门厅空间除了要满足换鞋等基本活动外，还应考虑到接待来客的必要空间和护理人员的活动空间，以及急救时担架出入所需的空间。考虑到轮椅使用者的使用要求，还应留出轮椅通行及回转的空间。因此应采用进深小而开敞的门厅，避免进深大、开口多的门厅。

（二）保证活动的安全、方便

一方面应重视地面材质的选择，并提供扶靠、安坐的条件，考虑到轮椅使用者需求，材质应耐污、防滑、防水且材质交接处应避免高差；另一方面应合理安排门厅家具的布局，可以优化动线，有助于居住者将在门厅的活动形成相对固定的程序。按照熟悉的程序行动，可以有效避免居住者遗忘或动作失误引起的危险。还有，可以预留提示板的位置，在门厅设置提示板，提醒居住者出远门前应做的事情，例如检查物品是否带齐、是否关闭家中所有的水、电开关等，帮助居住者在一定程度上弥补由记忆衰退带来的不便。

（三）具备灵活改造的条件

门厅空间一般较小，为提高适应性，应尽量避免用承重墙来限定空间。例如，当居住者行动自如时，可以用轻质隔墙、隔断或家具来围合成稳定的门厅空间，便于沿墙面布置储物家具；当居住者乘坐轮椅时，可以拆除或改建隔墙，根据实际需求加大门厅的宽度，或者改为开敞式门厅，以确保轮椅通行和护理人员操作所需的空间。

（四）保持视线的通达

在调研中发现，居住者更愿意选择开敞式门厅。主要是希望门厅能与起居室等公共空间保持通畅的视线联系，以获得心理上的安全感。例如，在起居室活动的居住者可以随时了解到户门是否关好、是否有人进来等，在家人进门时也可以互相打招呼。所以门厅家具宜选择低柜类，高度上不遮挡视线，又可以让部分光线透过，使门厅更加明亮。

三、常用家具布置要点

（一）鞋柜、鞋凳

无障碍住宅门厅中的鞋柜、鞋凳应靠近布置（如图5.3）。最佳的形式为鞋柜与鞋凳相互垂直布置成L形。居住者坐在凳上取、放、穿、脱鞋子比较顺手，安全省力。

鞋柜宜有台面，高度以850mm左右为宜，既可以当作置物平台，又可以兼具撑扶作用替代扶手。鞋凳应有适当的长度，除了人坐之外还可以随手放置包袋等物品。独立的鞋凳长度应不小于450mm，当其侧面有物体或墙体时，鞋凳应适当加长，以免妨碍手臂的动作。鞋凳的宽度可以较普通座位稍小，但不能小于300mm，要保证居住者可以坐稳。

鞋凳旁边最好设置竖向扶手，以协助居住者起立。扶手的安装要牢固，扶手的形状要易于把握，尽量采用长杆型，并采用手感温润的表面材质，如木材、树脂、塑钢等。

图 5.3 鞋柜、鞋凳

（二）衣柜、衣帽架、穿衣镜

在门厅空间较为宽裕的情况下，可以设置衣柜或衣帽间，在门厅空间有限时可设置开敞式衣帽架（如图5.4）。如有条件，宜在户门附近设置能照到全身的穿衣镜。居住者外出前可在镜子前照一下，看看自己是否穿戴整齐，也有助于提醒是否有所遗忘的物品。

图 5.4 衣柜、衣帽架、穿衣镜

（三）物品暂放平台

在户门附近设置物品暂放平台。当居住者手中拿着许多东西（如水瓶、购物袋、雨伞）时，需要先将物品放下，再腾出手找钥匙开门。为了取放物品、开门更为便利，平台的位置宜设在门开启侧，不宜在门扇背后，也不宜离户门太远。

四、典型平面布局示例

无障碍住宅门厅的平面布局示例如图 5.5 所示。

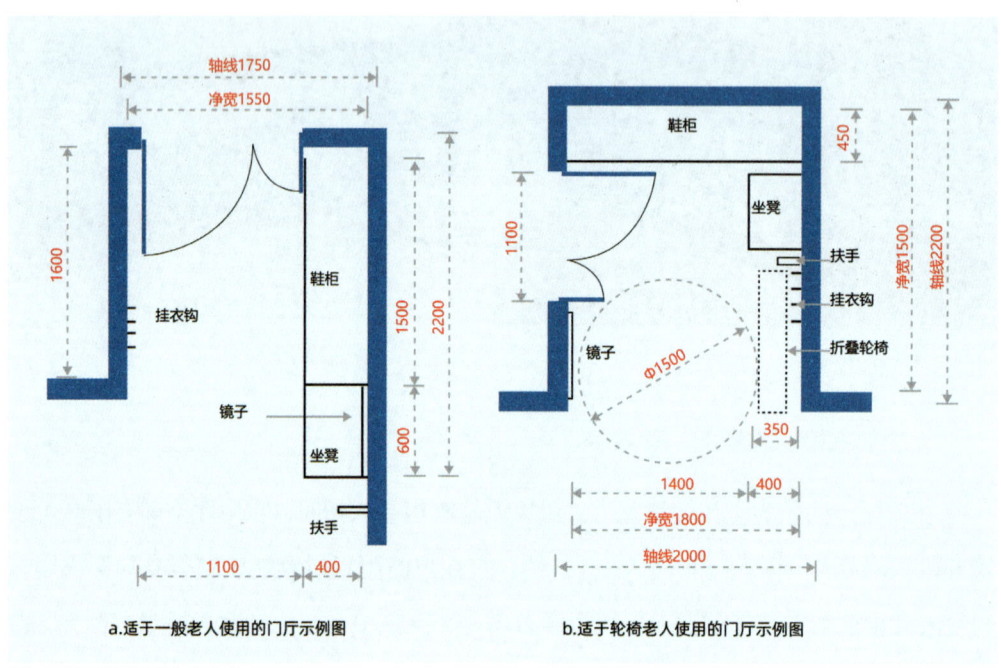

图 5.5 门厅示例图（单位：mm）

五、设计要点总结

（1）进深小而开敞式入户门对轮椅通行以及急救时担架的出入限制较小，还能使其更好地获得来自起居室等空间的间接采光。为了确保步行辅助用具及轮椅通行的有效宽度，前厅深度应提供至少 1200 mm 的地板空间（如图 5.6），清除门的摆动或其他障碍，以便机动辅助设备通行。

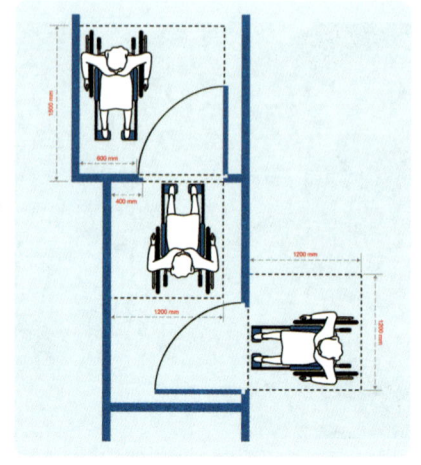

图 5.6 门厅空间示意图（单位：mm）

（2）保持与起居室的视线通达。

（3）具备灵活改造的条件。

（4）不应与室内及其他空间地面存在高度差。

（5）地面材质应防滑、防水、耐污。

（6）应有充足的亮度；如有条件，入户门厅宜有自然采光，使人进出门时能够看清环境。如无直接采光条件，也应尽量争取通过其他房间进行间接采光。

（7）应在入户厅设置坐凳，便于坐姿换鞋；坐凳旁宜有安全抓杆或其他的替代物（如矮柜）等，使居住者起坐、行走时有条件扶靠；鞋柜台面以距地850～900mm为宜，既可以当作置物的台面，又可以兼具撑扶作用代替扶手。

（8）鞋柜旁边最好设置垂直安全抓杆，安全抓杆的位置应便于人起坐时抓扶借力。安全抓杆的安装要牢固，最好设在承重墙上，或在隔墙内预埋钢板或其他加固构件。安全抓杆的形状要易于把握，尽量采用长杆型，并采用手感温润的表面材质，如木材、树脂、塑钢等。

（9）卫生间或其他特殊区域的内部前厅，应完全便于使用移动辅助设备的人进出。所有前厅、走廊或通道的宽度应至少为1100mm，以便于使用移动辅助设备的人直行通过门口。

（10）入户门把手侧应留有宽度不小于400mm的距离，方便乘轮椅者接近门把手，开关户门。入户门附近最好有可供轮椅回转、掉头的空间，即留出不小于1500mm的轮椅基本回转空间。入户门处常会使用门槛，不利于轮椅进出，应尽量取消或用斜坡过渡。

（11）由于入户门厅与室内其他空间的使用需求不同，有时会将其地面另换一种材质。在选用地面材质时，应注意材质交接处要平滑连接，不要产生高差。为了减少将灰尘带入室内，往往会在入户门铺设地垫，此时要注意地垫的附着性，避免滑动和卷边。

第二节 客厅

一、功能分区与基本尺寸

(一)功能分区和基本要点

无障碍住宅客厅的功能分区如图 5.7 所示。

1. 通行区

客厅内的通行空间。应保证足够的通行宽度,在端头处应适当放大以便轮椅回转。

2. 座席区

门厅的轮椅暂放空间。应按照轮椅折叠后的尺寸预留相应的空间,并且不影响居住者在门厅的其他活动。居住者在客厅看电视、待客、读书看报或泡脚、打盹的空间,须能摆放多人沙发和座椅,并设置无障碍专座,保证使用专座者既能方便出入又能在寒冷季节晒到阳光。

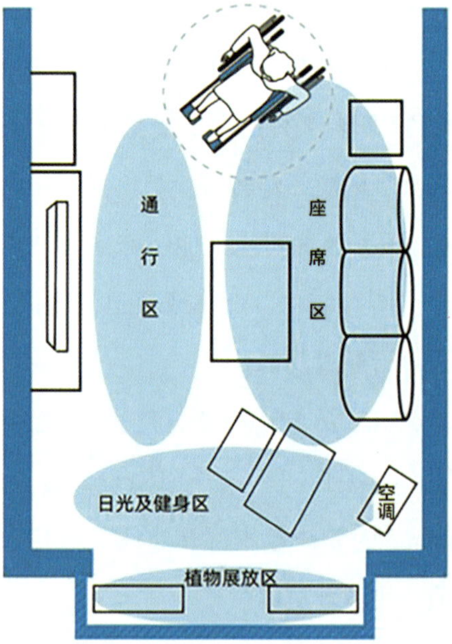

3. 日光及健身区

图 5.7 无障碍住宅客厅的功能分区

客厅靠窗区域晒太阳及锻炼的空间。应保证采光及通风良好、视野开阔。可在此进行小幅度的锻炼。

4. 植物展放区

客厅内摆放花草的空间,可起到美化室内环境的作用。此处的空间大小可灵活把握,通常宜靠近窗以获得充足的阳光照射。

(二)平面基本尺寸要求

无障碍住宅客厅的平面基本尺寸要求如图 5.8 所示。

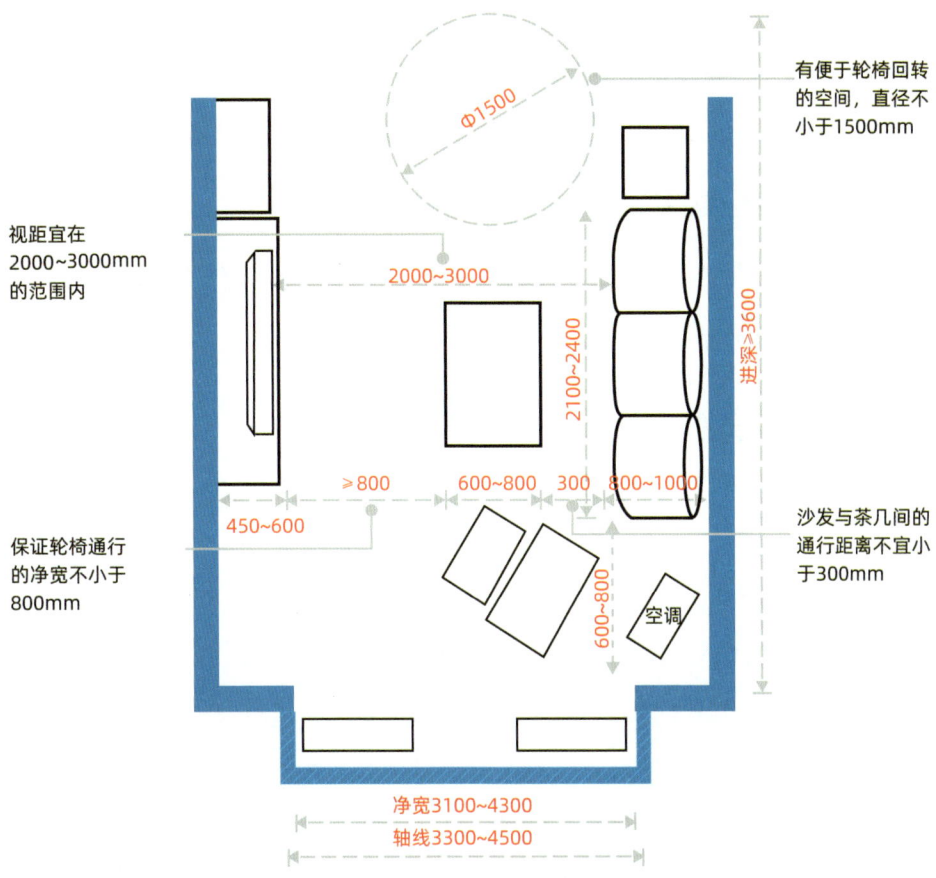

图 5.8 客厅的平面基本尺寸要求（单位：mm）

二、空间设计原则

客厅是进行聊天、待客等家庭活动和看电视、休闲健身等娱乐活动的主要场所。在设计时，应符合居住者的心理需求和活动能力，以促进他们与外界环境之间的交流。

客厅应营造出开敞明快、温馨舒适的氛围，使居住者不但乐于在此停留，更轻松愉悦、富有情趣，而且能感受到生活的乐趣，保持良好的情绪状态。因此，无障碍住宅客厅的设计应遵循以下几项原则：

（一）合理把握空间尺度

客厅适宜的开间、进深尺寸。客厅的开间、进深尺寸是根据常用家具的摆放、轮椅的通行以及居住者看电视的适宜视距而确定的。一般无障碍住宅中客厅的开间为 3300～4500mm，进深尺寸通常不宜小于 3600mm。

客厅开间尺寸与其他空间的关系。有时为了追求空间开敞的效果，通常会通过加大客厅开间来提升空间品质。但是当客厅开间过大时，会影响到其他房间的开间。例如，卧室和客厅并列设置在南向的情况，在总开间有一定限制时，客厅占用的开间过大会影响到卧室的功能。因此要注意二者相互协调，掌握适当的开间尺寸。

（二）有效组织交通动线

客厅宜位于住宅中部，客厅不宜成为通过式、穿行式的空间。应将套内主要交通动线组织在客厅的一侧，使沙发座席区和看电视区形成一个安全的"袋形"空间。

三、常用家具布置要点

（一）坐具

常用坐具如图 5.9 所示。

（1）座席区宜面对门厅方向设置，保证居住者不必起身行走就能方便地看到来者何人。同时也能方便地观察到户门是否关好等情况，增强心理上的安全感。

（2）坐具数量可按需而定。

（3）坐具摆放不宜过于封闭，应便于灵活使用。

（4）座席区宜设置无障碍专座，其位置应方便居住者出入和晒太阳。

（5）无障碍专座与其他座位的距离不宜过远。对于老年人，由于听力逐渐衰退，他们往往要通过观察对方的表情和口型来判断讲话的内容，所以无障碍专座和其他座位的距离不能过远。

（二）茶几

茶几作为沙发、座椅的配套家具，通常与坐具相近布置，供人们随手放置常用的物品，例如零食、茶水、电视遥控器等（如图 5.10）。摆放在沙发、座椅前方的茶几称为"前几"，置于沙发、座椅一侧的称为"边几"。

（1）茶几应灵活可动。

（2）肢体功能障碍者使用的茶几应略高于沙发坐面，通常在 500mm 左右较为适宜。

（3）前几与其他家具间应留出足够的通行距离。

（4）提倡在坐具旁设置边几。

（三）电视机与电视柜

电视机与电视柜如图 5.11 所示。

（1）电视柜的布置方式。客厅的电视柜宜正对座席区布置，要保证良好的视距和视角。还要注意电视与窗的位置关系，避免屏幕出现反射形成光斑，使居住者无法看清屏幕上的画面。

（2）电视机设置的高度。宜与居住者坐姿视线高度相平或略高，以防止居住者长时间低头看电视造成的颈部酸痛。

图 5.9 坐具　　　　　　图 5.10 茶几　　　　　　图 5.11 电视机与电视柜

四、典型平面布局示例

无障碍住宅客厅的平面布局示例如图 5.12、图 5.13 所示。

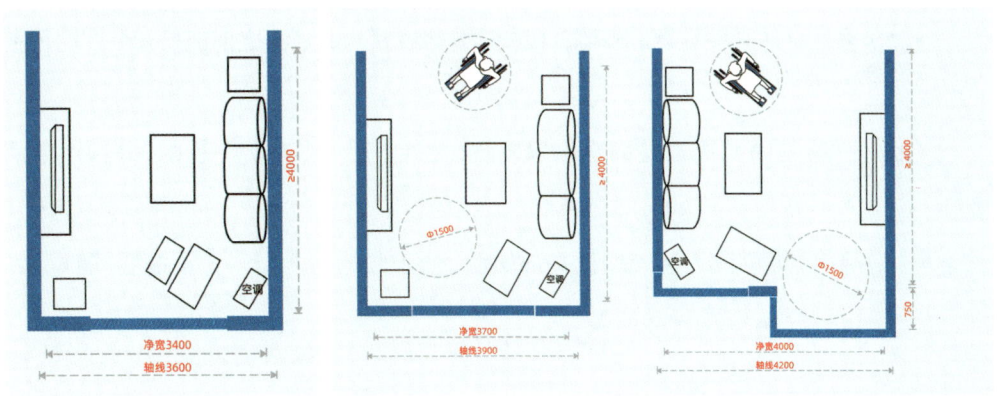

图 5.12 适于一般居住者的客厅示例图（单位：mm）　　图 5.13 适于轮椅使用者的客厅示例图（单位：mm）

五、设计要点总结

（1）肢体功能障碍者使用的沙发坐面和靠背应比一般的沙发要高一些，沙发两侧要有结实的扶手，宜设置边几，便于居住者随手放置小物件。

（2）沙发前的茶几与沙发之间的距离要大于300mm，保证居住者进出时不会磕碰。

（3）空调位附近上下应各预留一个插座，便于居住者按实际需要使用。

（4）空调的送风方向不应直接对着座席区。

（5）客厅内应保证有良好的自然采光与通风，门窗的采光面积要大。

（6）客厅与阳台的地面交接处应平接，不要产生高差。

（7）客厅宜为"袋形"，保证不被主要交通动线穿越，形成安全的区域。

（8）电视柜宜正对座席区布置，但要注意避免因眩光而影响电视机的显示效果，使居住者无法看清屏幕上的画面。

（9）电视等家电的插座位置宜略高于电视柜台面，便于居住者插拔插头。

（10）茶几应能够按照肢体功能障碍者的需要随意移动、组合，高度要比一般茶几略高。

（11）各家具之间的摆放距离要保证轮椅单向可通行，应大于800mm。

（12）提倡为肢体功能障碍者设置边几，方便其放置电话及随身物品。

（13）客厅地面材质应防滑、耐磨、易清洁、有舒适脚感。

（14）客厅区应设置专座，位置在方便进出的地方，并尽可能使居住者看电视有很好的视距。

（15）客厅灯的开关宜靠近外侧，以便居住者在进入起居室之前能打开灯照亮行走的路线。

（16）沙发侧茶几周边墙面宜设置插座，供台灯、充电器等使用，并预留电话接口。

（17）除主要照明外，还应增设局部照明，便于肢体功能障碍者看报纸、打电话。

第三节 餐厅

一、功能分区与基本尺寸

（一）功能分区和基本要点

无障碍住宅餐厅的功能分区如图 5.14 所示。

1. 备餐及置物区

存放就餐时常用的小件物品或进行简单备餐的空间。可设置餐边柜或台面，尽量靠近餐桌布置。

2. 就餐区

就餐、打牌，也可兼做聊天、家务等活动场所。要求靠近厨房布置，宜有良好的采光条件，可设置轮椅专座。

3. 通行区

联系餐厅与厨房、起居室等的空间，应留出可使两人并行通过的距离。

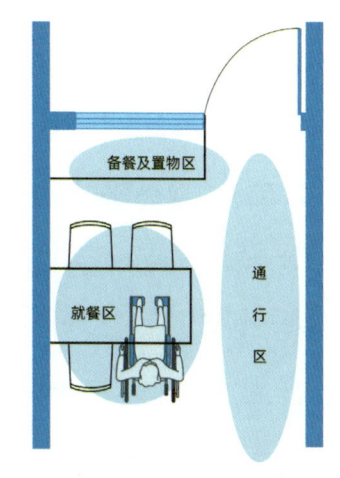

图 5.14 无障碍住宅餐厅的功能分区

（二）平面基本尺寸要求

无障碍住宅餐厅的平面基本尺寸要求如图 5.15 所示。

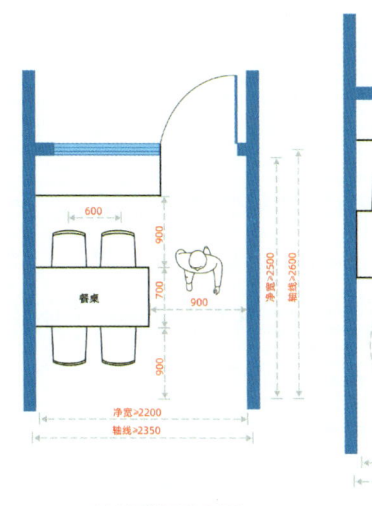
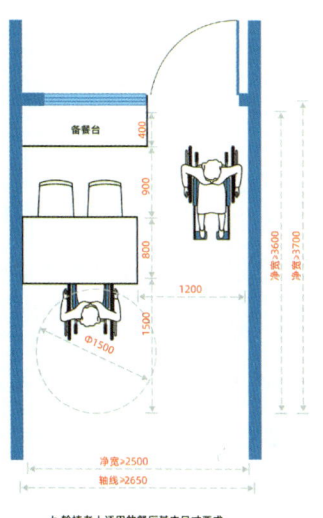

a. 一般老人适用的餐厅基本尺寸要求　　b. 轮椅老人适用的餐厅基本尺寸要求

图 5.15 餐厅的平面基本尺寸要求（单位：mm）

二、空间设计原则

餐厅在日常生活中使用的频率较高，一日三餐是肢体功能障碍者生活中十分重要的组成部分。除了备餐、就餐，他们往往还会利用餐桌的台面进行一些家务、娱乐活动，例如择菜、打牌等。因此，餐厅成为一个与起居室同等重要的公共活动场所。

无障碍住宅的餐厅空间设计应重视以下几项原则：

（一）保证餐、厨的联系近便

在无障碍住宅中，餐厅宜邻近厨房设置，使上菜、取放餐具等活动更为便捷，避免肢体功能障碍者手持餐具行走过长的距离。餐厅到厨房的动线不宜穿越门厅等其他空间，以免与他人相撞或被地上的鞋绊倒。

（二）实现空间的复合利用

可将餐厅、起居室连通实现复合利用。餐厅应具备灵活性，并且多留一点空间，以满足后期餐厅扩大、座位增加的需求。

（三）重视自然采光和通风

餐厅宜直接对外开窗，或通过阳台、厨房等具有大面积窗户的相邻空间间接采光。如果能将餐桌设置在窗边，居住者就有机会欣赏窗外的景致，有利于身体健康及心情愉悦。

三、常用家具布置要点

（一）餐桌、餐椅

使用的餐桌宜为大小可调式的。肢体功能障碍者自用时可选择节省空间的形式，将餐桌折叠使其占地较少，或将餐桌一侧靠墙摆放，留出必要的通行空间。人多时可将餐桌加大并增加备用座椅。对于轮椅使用者，应为其留出用餐专座，专座的位置宜设在餐桌临空的一侧，保证在其身旁、身后都留出一定的空间，方便轮椅进出和护理人员服侍。餐桌、餐椅如图 5.16 所示。

（二）餐柜、备餐台

餐柜的用途和布置方式。宜在餐桌附近设置餐柜，以满足将零碎的常用物品摆放在明处的需求。设置备餐台作为接手台，备餐台的位置应在厨房到餐厅的动线上，备餐台还可以作为平时操作的接手台。餐柜、备餐台如图 5.17 所示。

图 5.16 餐桌、餐椅

图 5.17 餐柜、备餐台

四、典型平面布局示例

无障碍住宅餐厅的平面布局示例如图 5.18 所示。

五、设计要点总结

（1）照明灯具应显色真实、避免眩光，高度和亮度宜可调节，灯具造型与材质应便于擦拭和更换灯泡。

（2）设插座，便于使用电火锅、烤面包机等小电器。

（3）餐厅与厨房间可设透明的门窗，便于餐、厨间的交流和递送物品。

（4）餐厅应与厨房邻近，缩短居住者的动线。

（5）餐桌旁可布置餐柜

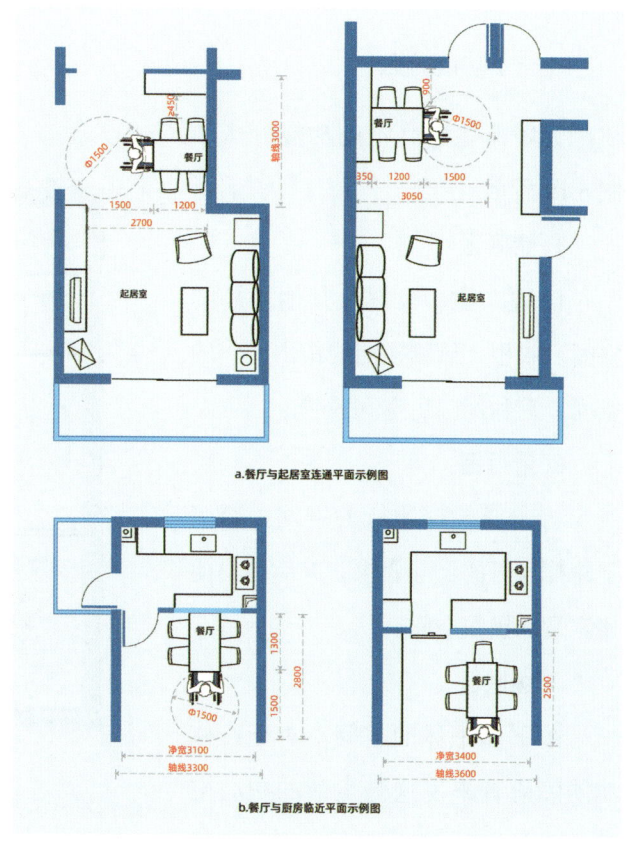

图 5.18 餐厅示例图（单位：mm）

或备餐台，用于放置电热水壶、烤面包机等常用物品。

（6）餐厅地面应防滑、防污、易擦拭。

（7）餐桌周边应留出充裕的通行间距。轮椅侧应考虑留出护理人员的活动空间。

（8）轮椅专座应在进出方便的位置，餐桌下留空的高度应能让轮椅插入，以便接近餐桌。

（9）座位旁宜设置餐边柜、饮水机等，方便就餐中使用。

（10）餐厅的色彩宜温馨清雅，以促进食欲。

（11）餐厅应明亮通透，宜有直接的通风采光。

第四节 卧室

一、功能分区与基本尺寸

（一）功能分区

无障碍住宅卧室的功能分区如图 5.19 所示。

1. 储藏区

储藏衣物、被褥及其他用品的空间。衣柜、储物柜前要留出操作的空间，宜利用门后空间置物。

2. 通行区

行走或轮椅通行的空间。要满足轮椅通行的尺寸要求，并应留出使用家具的操作空间。

3. 睡眠区

睡眠和午休的空间。对于肢体功能障碍者来说这是生活的中心空间，宜有合适的日光照射，避开凉风

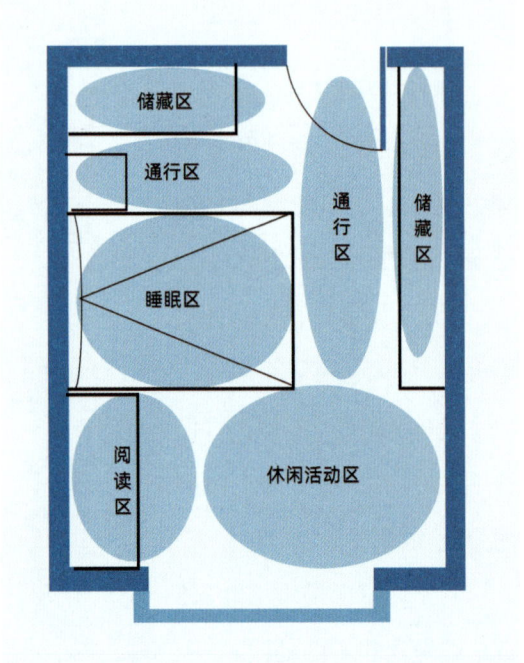

图 5.19 无障碍住宅卧室的功能分区

侵扰，床周边要留有通行、整理以及置物的空间。

4. 阅读区

在卧室里阅读书报，使用电脑的空间。宜布置在近窗处，与休闲区接近，应有充足的置物台面，便于放置药品、水杯、电话等常用物品。

5. 休闲活动区

在卧室内晒太阳、谈话等休闲活动的空间。通常靠近采光窗布置，要求空间完整、集中，能够满足轮椅回转。

（二）平面基本尺寸要求

无障碍住宅卧室的平面基本尺寸要求如图5.20所示。

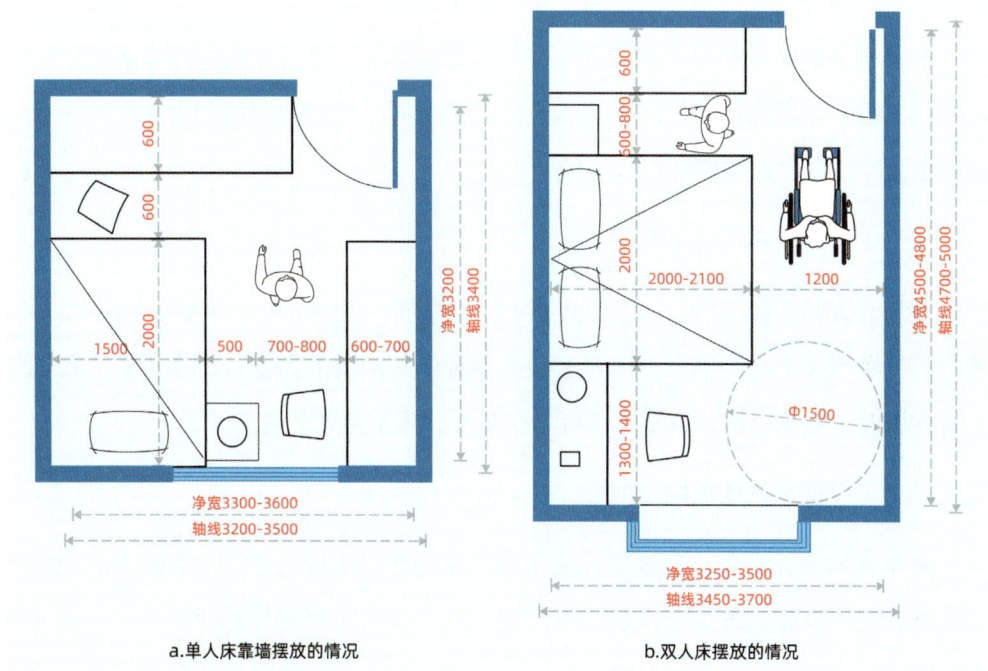

图 5.20 卧室的基本尺寸要求（单位：mm）

二、空间设计原则

卧室在无障碍住宅中除了承担居住者常规的睡眠功能，往往还会进行许多其他活动，例如阅读报纸、看电视、上网等。对于行动不便的肢体功能障碍者而言，卧室更成为他们生活的主要场所。相对于健康人群比较重视的卧室私密性，肢体功能障碍者更需要的是安全性和舒适度。因此，无障碍卧室的空间设计应符合以下几项要求：

（一）保证适宜的空间尺寸

1. 面宽和进深应适当增加

无障碍卧室的面宽一般为 3600mm 以上，其净尺寸应大于 3400mm。这是为了保证床与对面家具(如电视柜、储物柜)之间的距离大于 800mm，以便轮椅通过。

卧室的进深尺寸也应适当加大，单人卧室通常不低于 3600mm，双人卧室宜大于 4200mm。一方面是便于留出一块完整的空间作为阳光角或休闲活动区，另一方面是可以满足家具灵活摆放的需求。在肢体功能障碍者伸手可及的范围内，应有适合撑扶倚靠的家具或墙面，为其提供安全保障。

2. 考虑增加轮椅使用者及护理人员活动所需的空间

肢体功能障碍者在介助期需要使用助行器或轮椅，在介护期须有专人陪护，因此卧室中还应预留轮椅回转及护理人员活动的空间。注意卧室进门处不宜出现狭窄的拐角，以免有急救时担架出入不便。

（二）形成集中的活动空间

在设计无障碍卧室时，除考虑必要家具的摆放，还应留出一处集中的活动空间，满足居住者晒太阳、读书上网、与家人交谈等休闲活动的需求。卧室里集中活动的空间宜靠近采光窗布置，以便居住者享受阳光，观赏室外景色。

（三）保证家具摆放的灵活性

卧室空间形状及尺寸的设定，应使家具布局有一定的灵活性。有些人会根据季节的更替或自身的需求来变换家具的摆放方式，以求达到更佳的舒适性。因而在设定卧室的空间尺寸、门窗位置时，应预先考虑到肢体功能障碍者的各种需求，使不同的家具摆放方式均可实现。

（四）营造舒适的休息环境

（1）注重通风和采光。

（2）合理选择朝向。

（3）注意隔绝噪声。

三、常用家具布置要点

（一）床

无障碍卧室中的双人床宜选择较大的尺寸，以免在休息时相互影响，通常为 2000×1800mm（长 × 宽）。单人床也应选择较大的尺寸，以 2000×1200mm（长 × 宽）为宜。

无障碍卧室中的床有多种摆放方式，通常可以三边临空放置，也可以靠墙或靠窗放置。床三边临空放置时，居住者上下床更方便，也便于整理床铺。当肢体功能障碍者需要照顾时（比如帮其进餐、翻身、擦身等），护理人员更容易操作，也便于多个护理人员协作。因此，在设计时，要预先考虑到床以不同方式摆放的可能性，确定适宜的床边空间尺寸。床边空间是指床周围的通行、操作空间。床边空间往往需要设置足够的台面，使居住者在手能方便够到的范围内拿取物品。

（二）床头柜

卧室床头柜的高度应比床面略高一些，肢体功能障碍者起身撑扶时便于施力，其高度为 600mm 左右即可。床头柜应具有较大的台面，以便摆放台灯、水杯、药品等物品。台面边缘宜上翻，防止物品滑落。床头柜宜设置明格，供摆放需要经常拿取的物品；宜设抽屉，开关方便（图 5.21）。

图 5.21 床和床头柜

（三）书桌

书桌通常摆放在窗户附近以得到较好的采光，也可以布置在床边起到床头柜的作用。此外，书桌的摆放位置应考虑与进光方向的关系。要保证在使用书桌时，光线既不会直射人眼，也不会在写字时形成背光，更不会在电脑屏幕上形成眩光。

（四）衣柜

衣柜是卧室中的大型家具（如图 5.22）。通常一般衣柜的深度为 560～600mm，衣柜开启门的宽度为 450～500mm。一组双开门衣柜的长度宜在 900～1000mm。因此卧室应有较长的整幅墙面供衣柜靠墙摆放。衣柜应增加叠放衣物的存储空间，可采用隔板、抽屉类的收纳形式，适当减少衣服挂置的空间。

图 5.22 衣柜

四、典型平面布局示例

（一）单/双人卧室

无障碍住宅单/双人卧室的平面布局示例如图 5.23 所示。

（二）带有卫生间的卧室

无障碍住宅带有卫生间的卧室平面布局示例如图5.24所示。

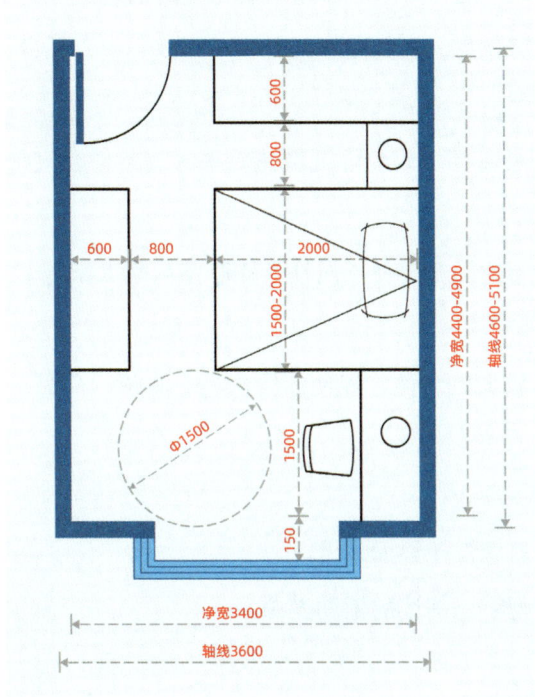

图5.23 单/双人卧室示例图（单位：mm）

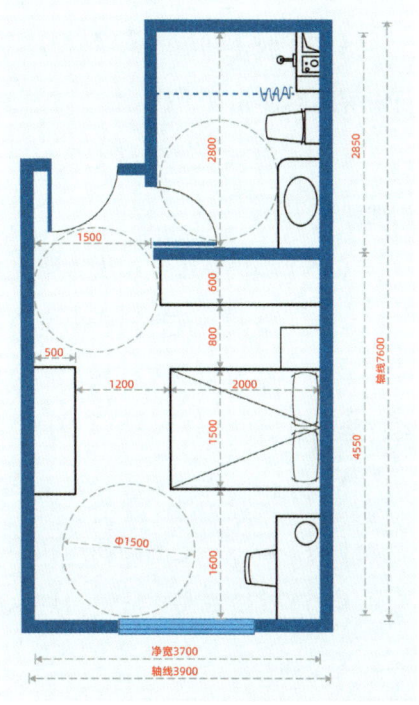

图5.24 带有卫生间的卧室示例图（单位：mm）

五、设计要点总结

（1）卧室主灯宜设双控开关，其中一处靠近床头，方便在床上开闭。

（2）卧室整体照明的亮度应较高，保证肢体功能障碍者晚间活动安全，宜选用吸顶灯、节能灯泡。

（3）床头应设紧急呼叫器，保证躺在床上伸手可及。

（4）小电器插座应设于床头柜台面之上。

（5）卧室内应有靠背椅，便于放置睡觉时脱下的衣物。

（6）衣柜应增加抽屉、隔板等配件，可减少衣服挂置占用的空间。

（7）床头柜宜略高一些，可设置明格或者抽屉，便于看清、翻找收纳的物品。

（8）衣柜前方应有足够的取衣置物空间。

（9）主灯开关宜设在卧室门开启侧的墙面上，位置应明显。

（10）卧室进门处不宜形成狭窄的拐角，防止急救时担架出入不便。

（11）门后墙面留有一定空间以设置挂钩，方便挂书包、衣帽。

（12）卧室的进深应比一般卧室略大，一方面可以为轮椅转圈留出足够空间，另一方面可以满足居住者分床睡的需求，还能在卧室中留出一块完整的活动区域。

（13）肢体功能障碍者宜分床或分房休息，避免因作息时间不同或起夜、翻身、打鼾等问题而相互干扰。

（14）暖气位置应避免被窗帘、家具遮挡，以免降低散热效率，有条件时宜采用地热式采暖。

（15）提倡在卧室中设置阳光角、落地凸窗，便于居住者在卧室内晒太阳。

（16）空调不宜直接吹向床头及座位。

（17）床边的书桌、床头柜最好有较大的台面，以便放置水杯、眼镜、药品、台灯等物品。

（18）电脑屏幕不要正对窗户，以免反光。

（19）台灯、电脑的插座和相关接口应设于桌面之上。

（20）床头和书桌应设台灯，作为写字、阅读的辅助光源。

第五节　书房

一、功能分区与基本尺寸

（一）功能分区和基本要点

无障碍住宅书房的功能分区如图5.25所示。

1. 工作区

工作区是书房的核心，包括书桌、椅子、电脑、书籍、文件柜等，是阅读、学习、写作和工作的主要区域。

2. 储物区

储物区提供足够的存储空间，包括书架、文件柜、抽屉和其他储物设备，可以为书房提

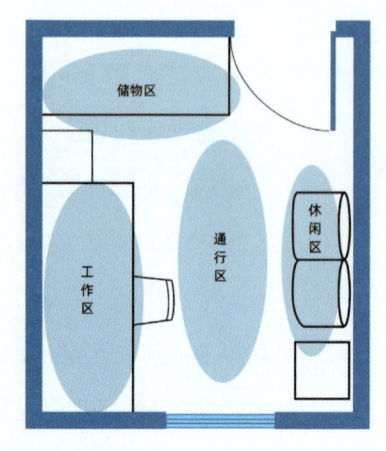

图5.25 无障碍住宅书房的功能分区

供额外的有组织的空间。

3. 休闲区

休闲区包括舒适的沙发座椅、音响等供娱乐的设施，是居住者放松身心的空间，也可以用于与他人交流和娱乐的空间。

4. 通行区

通行区包括书房内的动线通道和必要的无障碍通道，可以确保书房内的动线畅通无阻，便于人们进出书房。

（二）基本尺寸

无障碍住宅书房的平面基本尺寸要求如图5.26所示。

图5.26 书房基本尺寸要求（单位：mm）

二、空间设计原则

无障碍书房的设计需要遵循一些空间设计原则，以满足所有人的需求，包括老年人、残疾人和小孩子。以下是一些可以考虑的原则：

（一）通行空间

房间内的空间应该足够宽敞，以便轮椅和行动不便的人可以自由移动。最好的情况是书房内至少有1500mm的空间可进行转弯。

（二）设施高度

书架和储物柜的高度应低于1370mm，以方便小孩和轮椅使用者使用。座椅和桌子的高度应可以调节，以适应不同高度的人使用。

（三）照明和安全

书房的照明应明亮均匀，最好使用无影响的白色灯光。地面应该平整且不滑，以确保行动不便的人不会摔倒。地板材料最好使用防滑的，避免存在高度差。

（四）设备易用性

书房里的电器设备应易于操作，可以考虑购买大按钮或有语音控制的设备以方便居住者使用。电脑和显示器的高度应该可以调节，以适应不同高度的人使用。显示器的顶部应该与眼睛水平对齐，以距离眼睛约500mm为宜。键盘和鼠标应放在桌面上以方便使用。

三、常用家具布置要点

书房里的家具是书房非常重要的一个组成部分，其中书橱、书桌、书椅等是书房不可缺少的家具（如图5.27）。在选购安装上，除了要重视书房家具的造型、质量和色彩，还必须考虑到家具要适应人们的活动范围，符合人体健康美学的基本要求。

（1）写字台的高度。按照我国正常人体生理测算，写字台的高度应为750～800mm，考虑到轮椅使用者在桌子下面的活动区域，要求桌下净高不小于650mm。

（2）座椅的高度。座椅应与写字台配套，高低适中，柔软舒适，有条件的最好能购买转椅，一般座椅高度宜为380～450mm。

（3）书柜的尺寸。书柜首先要保证有较大的贮藏书籍的空间，书柜间的深度以300mm为宜，深度过大既浪费材料和空间，又给取书带来诸多不便。书柜的搁架和分隔可搞成任意调节型，根据书本尺寸的大小，按需要加以调整。

图5.27 书房家具

四、典型平面布局示例

无障碍住宅书房的平面布局示例如图 5.28 所示。

五、设计要点总结

（一）位置和大小

书房的空间面积不宜太大，一般以 12 平方米以内为宜，空间太大容易使人分散精力。书房需要的环境是安静、少干扰，但不一定要私密，因此应该选择不经常走动的房间作为书房。如果各个房间均在同一层，那它可以布置在私密区的外侧，或门口旁边单独的房间，如果它同卧室是一个套间，则在外间比较合适。

（二）充足的光源

（1）自然采光。书房应该尽量占据朝向好的房间。窗户改造的时候，可以将窗户朝

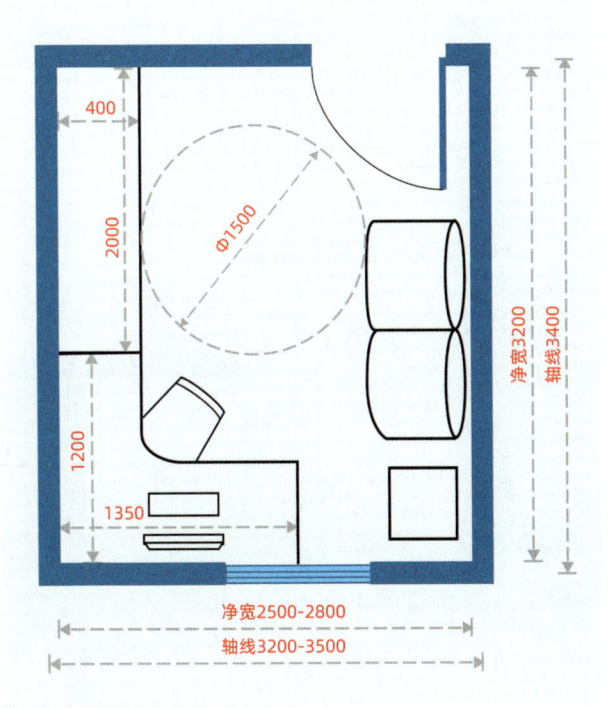

图 5.28 书房示例图（尺寸单位：mm）

向开在一年光线进入最好的方向。此外，可以把书房内的写字台安排在窗前，一般朝南的房间，光线会比较强烈。

（2）人工照明。书房内的写字台或电脑台，在台面上方应装电源线、电脑线、电话线、电视线终端接口。从安全角度考虑，应在写字台或电脑台下方装电源插口1～2个，便于电脑配套设备电源用。照明灯光若为多头灯，应增加分控器，电源的开关设置应便于操作，可采用手控、语音及遥控等办法。

(三)良好的通风

书房装修必须考虑到通风条件。不仅是健康的需要,也是电脑等设备工作后需要通风散热。此外,空气流通有利于调节书房的湿度,有利于保护书籍。所以在设计书房时,不能选择无法进行空气对流的空间当作书房。

第六节 厨房

一、功能分区与基本尺寸

(一)功能分区和基本要点

无障碍住宅厨房的功能分区如图 5.29 所示。

1. 储藏区

储藏区是指提供厨房内食品储存和物品收纳的空间。储藏区主要分为食物储藏和物品储藏两大部分。在设计厨房储藏区方面,应做到分类

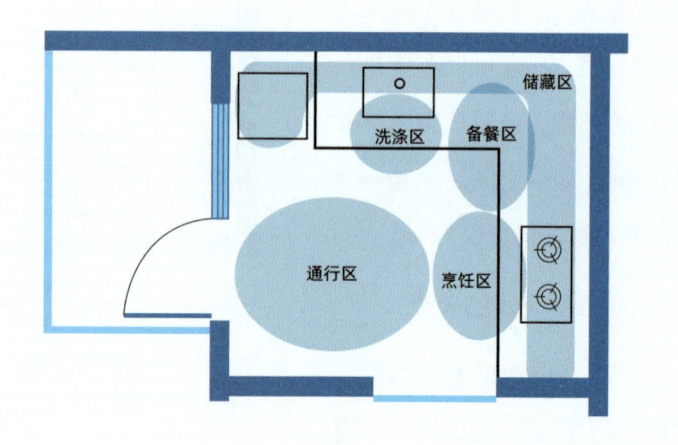

图 5.29 无障碍厨房的功能分区

放置、就近放置、充分利用狭小空间及转角空间,提高信息可见性、简易标示以轻松传递信息。

2. 洗涤区

洗涤区是指水槽及水槽附近的空间。包括水槽、水龙头、洗碗机、消毒柜及各类洗漱用品,用于对食物、餐具、厨房用具的清洗整理,此处的设计主要取决于洗漱习惯。水槽两边应预留整体台面,方便清洁时摆放物品。

3. 备餐区

备餐区是指用于食品加工、切菜配菜、揉面擀面等厨房准备工作的区域，也是厨房中使用时间最长的区域。备餐区包括砧板、擀面杖等厨房用具。备餐区的设计主要取决于备餐习惯和各区域位置，备餐区宜放置在洗漱区和烹饪区之间，方便清洗和烹饪。

4. 烹饪区

烹饪区是指用于食物烹饪的空间，也是厨房中的核心区域。烹饪区包括灶台、烤箱、微波炉、抽油烟机等，也包括周围的调味料、锅具、餐具和其他厨房用具。烹饪区周围宜预留一定的整体台面，作为摆放菜肴、调味料和常用锅具的空间等。

（二）平面基本尺寸要求

无障碍住宅厨房的平面基本尺寸要求如图 5.30 所示。

二、空间设计原则

周到且细致的厨房设计是保证肢体功能障碍者实现自主生活的基础。肢体功能障碍者日常的主要活动很多是围绕厨房展开的，在厨房中停留的时间也相对较长。因此，厨房设计的重中之重是确保他们能够安全、独立地进行操作，并且要能做到

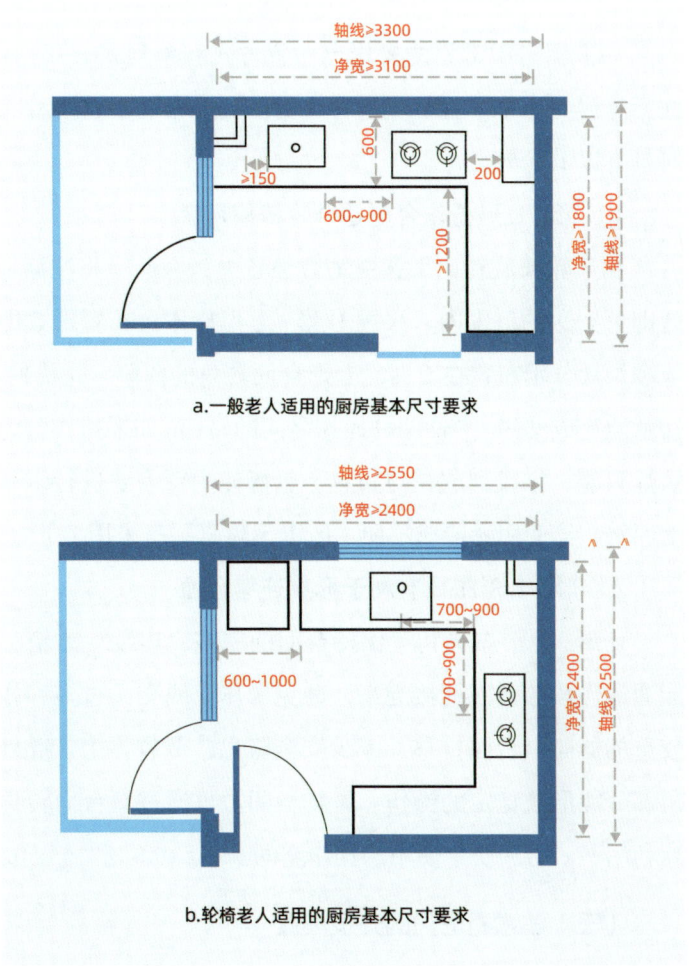

图 5.30 厨房的基本尺寸要求（单位：mm）

省力、高效,以支持他们完成力所能及的家务劳动,从而获得自信与快乐。

无障碍住宅厨房的空间设计应考虑以下问题:

(一)提供合理的操作活动空间

厨房空间应有适宜的尺度,各种常用设备应安排紧凑,保证合理的操作流线,使各操作流程交接顺畅,互不妨碍,而且操作台下面要留空以便于轮椅回转。

厨房空间尺度不宜过小。如果厨房空间尺度过小时,就很难保证有足够的操作台面摆放常用的物品,既影响使用效率,也容易造成安全隐患。

厨房空间尺度也不宜过大。厨房空间尺度过大也有弊端,就容易造成设备摆放分散,操作流线变长,影响操作的连续性。当发生危险时,肢体功能障碍者无处扶靠。所以无障碍厨房的设计在考虑轮椅通行的前提下,操作台之间的距离也不宜过大。

(二)确定恰当的操作台布置形式

一般厨房中常见的操作台布置方式有单列式、双列式、U形、L形和岛形等。在无障碍厨房中,宜优先选择U形、L形布局,这两种布局在肢体功能障碍者使用时具有以下优势:

1.U形、L形操作台更适合轮椅使用者

由于轮椅旋转比平移更为方便省力,因此应将洗涤池和炉灶布置在轮椅略微旋转即可到达的范围内。采用U形、L形操作台布置形式即可实现这一要求。将洗涤池和炉灶分别布置在U形、L形台面转角的两侧,轮椅使用者只需在90度范围内微转就能完成洗涤、烹饪两种操作之间的转换。如果操作台为单列式或双列式,洗涤池、炉灶只能一字排列或相对布置,轮椅使用者需要进行多个动作才能完成平移或大角度回转,给使用者造成不便。所以无障碍厨房采用U形、L形的布置形式更为便利。

2.U形、L形布局有利于形成连续台面

U形、L形布局利于保持台面的完整、连续。冰箱、洗涤池、炉灶等常用设备能通过连续的台面衔接起来,避免操作流线交叉过多和相互妨碍。轮椅使用者可将较重的器皿沿台面推移,减少安全隐患,节省体力。此外,U形和L形操作台的转角部分能形成稳定的操作、置物空间。可通过对台面转角进行斜线处理,进一步提高利用率,增加便于使用的操作空间。

(三)注意厨房门的开设位置

在设计厨房门时,应注意服务阳台与厨房的位置关系,将厨房门、服务阳台门开设在适宜的位置，并注意缩短二者之间的距离，减少对厨房内操作活动的影响。同时，考虑在厨房门后设置辅助台面的空间。

（四）提供有效的采光和通风

我国《住宅设计规范》中规定：厨房应有直接采光、自然通风。对于肢体功能障碍者而言，则更应保证厨房的主要操作活动区有良好的自然采光和通风。一方面，保证洗涤池附近的有效采光，因为在此处的操作时间最长，应避免将洗涤池布置于背光区；另一方面，保证厨房的有效通风量。《住宅设计规范》还规定，厨房窗的有效开启面积不应小于 0.6 平方米，对无障碍住宅来说更应加大厨房的通风换气量，必要时可加设机械排风以促进通风换气。

（五）考虑日后改造的可能性

因为不同身体状况的居住者，对厨房空间的使用要求有所不同，所以厨房应具备灵活改造的可能性，以适应居住者的身体变化。

三、常用家具布置要点

（一）操作台

操作台是厨房各种设备和操作活动的主要载体，通常由操作台面和下部的柜体组成（如图 5.31）。

厨房操作台的适宜深度一般在 550～700mm，操作台深度在 600～650mm 的适合肢体功能障碍者使用。

操作台应考虑坐姿操作需求。在厨房长时间劳动时宜坐姿操作，同时考虑到轮椅使用者进入厨房操作的可能性，洗涤池、炉灶下部应预留合适的空当，保证坐姿操作时腿部能够插入。

操作台的适宜高度。考虑我国肢体功能障碍者的身高及使用习惯，通常将操作台高度控制在 700～850mm 之间，以方便留出轮椅老人容膝空间。有条件的情况下，可采用升降式的操作台。操作台下部应抬高便于轮椅接近，操作台地柜下部可抬高 300mm，一是便于轮椅踏脚板的插入，使轮椅能从正面靠近操作台；二是较低位置的地柜不便于拿取物品，轮椅使用者弯腰做此动作时容易发生倾倒的危险。

操作台面要长且连续。应尽量设置充裕的台面，用于摆放常用物品，减少从柜中拿取物品的频率。

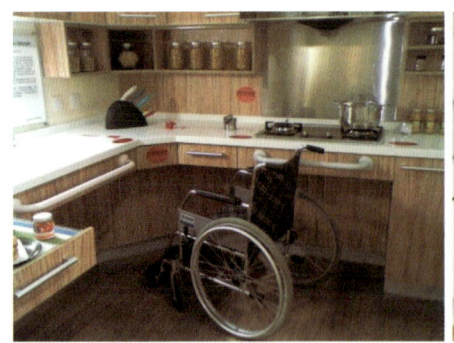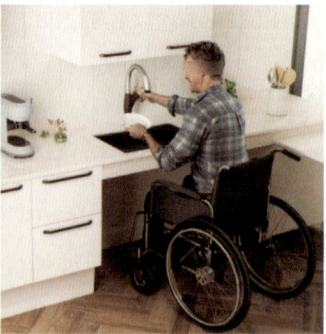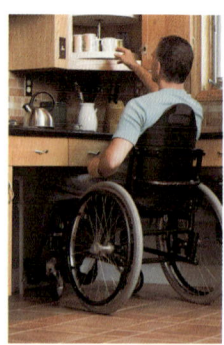

图 5.31 操作台

（二）吊柜和中部柜

吊柜和中部柜如图 5.32 所示。一般住宅中，厨房吊柜下底板距地高度为 1600mm 左右，吊柜深度为 300～350mm。若吊柜的上部空间过高，不便于取放物品。因此，在设计无障碍厨房时，应在吊柜下部加设中部柜或中部架，保证肢体功能障碍者（特别是轮椅使用者）在伸手可及的范围内能方便地取放常用物品。高处的吊柜可作为储藏的补充或由家人使用。

洗涤池前和炉灶旁的中部柜最为常用。洗涤池上方可设置沥水托架，可将洗涤后的餐具顺手放在中部架上沥水；炉灶两旁的中部柜可用于放置调味品或常用炊具等。中部柜高度一般在距地 1200～1600mm 处。柜体下面与操作台面之间还可以留出空当摆放调料瓶、微波炉等物品。中部柜的深度在 200～250mm 较为适宜，深度过大容易碰头，也不利于轮椅使用者拿取放在里侧的物品。

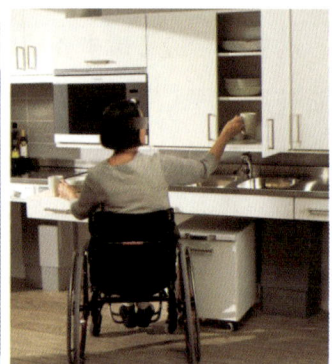

图 5.32 吊柜和中部柜

（三）洗涤池

洗涤池使用的面积最好大一些，建议长度为 600～900mm，以便将锅、盆等大件炊具放进里面清洗，而不必在清洗时用手提持。洗涤池应靠近厨房窗户设置，可获得良好的采光。

（四）冰箱

冰箱旁应有接手台面，方便暂放物品。有些居住者爱囤积食物，需要冷藏的营养品、药品也较多，因此要预留较大的空间放置大容量冰箱，如双开门冰箱。同时，冰箱旁应留出供轮椅接近的空间。

四、典型平面布局示例

无障碍住宅厨房的平面布局示例如图5.33、5.34所示。

五、设计要点总结

（1）炉灶和洗涤池两边都要留有台面，以便洗涤、备餐和烹饪时随手放置用品。

（2）应选用宽大的洗涤池，方便洗涤较大型炊具。

（3）吊柜下沿应设置灯具，为下方的洗涤池及操作台提供照明。

（4）洗涤池与

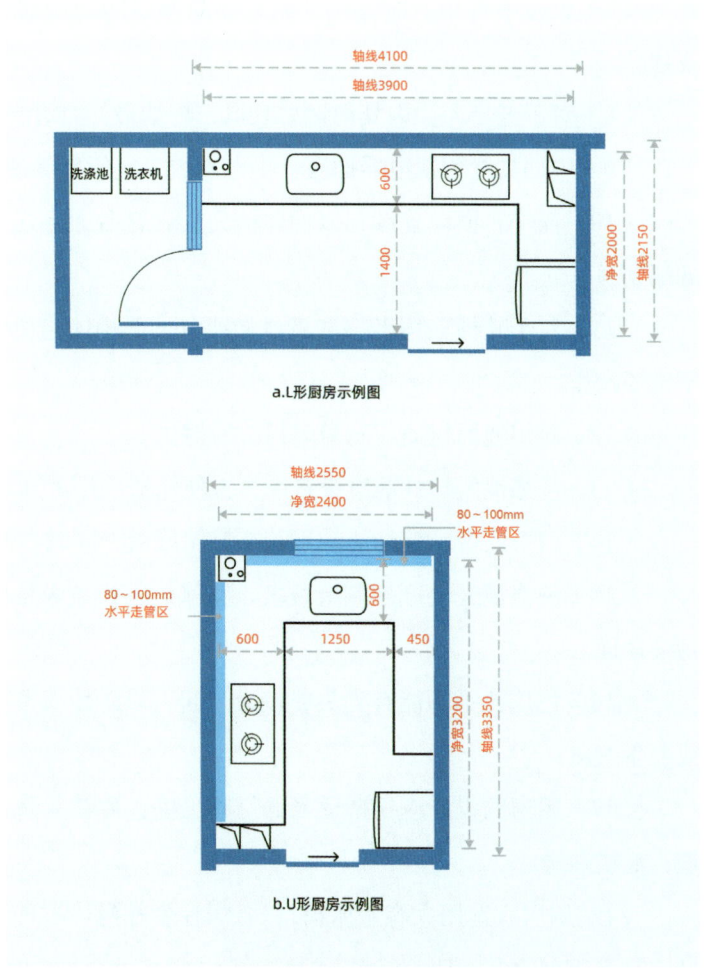

图 5.33 适用于一般居住者的厨房示例图（单位：mm）

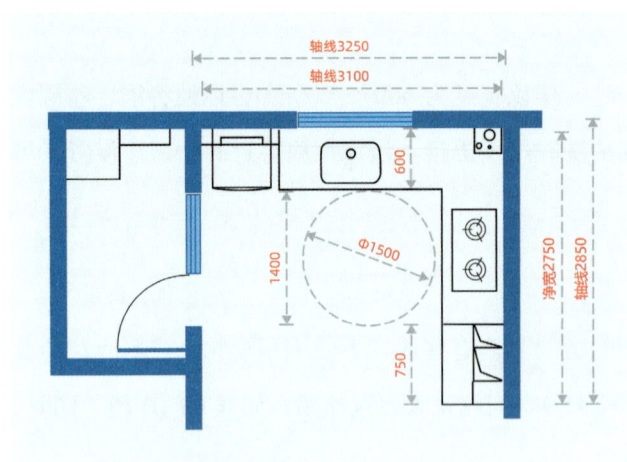

图 5.34 适用于轮椅使用者的厨房示例图（单位：mm）

炉灶可设在操作台转角两侧，转角做斜线处理，以增加操作台面。

（5）厨房墙面材质应耐油污、易擦拭，炉灶周边的墙面及柜体应特别注意防油、防火、防燃。

（6）厨房的高部位置除了放置抽油烟机插座，还应在吊柜内预留电器插座以备用。

（7）设置中部柜。宜选用开放式物品架以防止居住者遗忘，也方便拿取或寻找物品。

（8）对于老年人，因其记忆力衰退，炉灶最好具有自动断火功能。

（9）中部高度预留电器插座，供电磁炉、电饭煲等使用。

（10）操作台面应连续，以便轮椅使用者在台面上连续移动厨具，而不必从一处端到另一处。

（11）对于轮椅使用者，洗涤池和灶台下部柜体应留空，以便轮椅接近，也便于坐姿操作。

（12）厨房地面材质应防滑耐污、易擦拭。

（13）洗涤池及炉灶前应设扶手，方便轮椅使用者活动时撑扶。

（14）可采用带轱辘的活动小车补充储藏量，同时方便居住者使用。

（15）洗涤池处会产生剩余垃圾，宜就近安排垃圾桶的放置空间，以免滴水，污染地面。

（16）柜体拉手不能有尖头或较大凸起，以防轮椅使用者行进时衣物被钩住，或发生磕碰。

（17）厨房的设计应把握适当的空间尺度，冰箱－洗涤池－炉灶三者应安排合理，流线顺畅。

（18）厨房宜选用大容量冰箱，以备居住者在身体不佳时降低购物频率，在过年、过节时可储存较多食品。

（19）冰箱、微波炉旁边应设有一定的操作台面，以便临时放置物品。

（20）窗台以上应设 300mm 高的固定栏，以防止窗台和操作台上摆放的物品掉落窗外，也能避免窗扇开启时与水龙头相冲突。

（21）厨房应有良好的采光、通风，开启窗户角度的大小既要达到规范要求，又便于开启。

第七节　卫生间

一、功能分区与基本尺寸

（一）功能分区和基本要点

无障碍住宅卫生间的功能分区如图 5.35 所示。

1. 如厕区

居住者便溺及处理污物的区域。需要配备无障碍马桶、扶手、紧急呼叫器等辅助设施，注意要给轮椅使用者留出足够的转身空间和护理人员的活动空间。

2. 洗涤区

日常洗漱的区域。用于洗手和刷牙

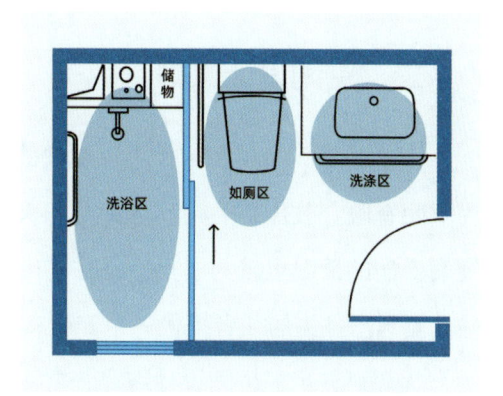

图 5.35 无障碍住宅卫生间的功能分区

等活动的地方。注意此处应能保证居住者坐姿操作，并设有适宜的台面和充足的储藏空间。

3. 洗浴区

用于淋浴或泡澡的地方。注意此处应与其他区域干湿分离，最好是淋浴和浴缸均设，如果空间有限，宜优选淋浴。洗浴区的设计应符合人体工学并易于进入和离开。此外，为了保证行动不便人员的安全，洗浴区还应配备扶手、防滑地面和座椅等设备。

（二）平面基本尺寸要求

无障碍住宅卫生间的平面基本尺寸要求如图 5.36 所示。

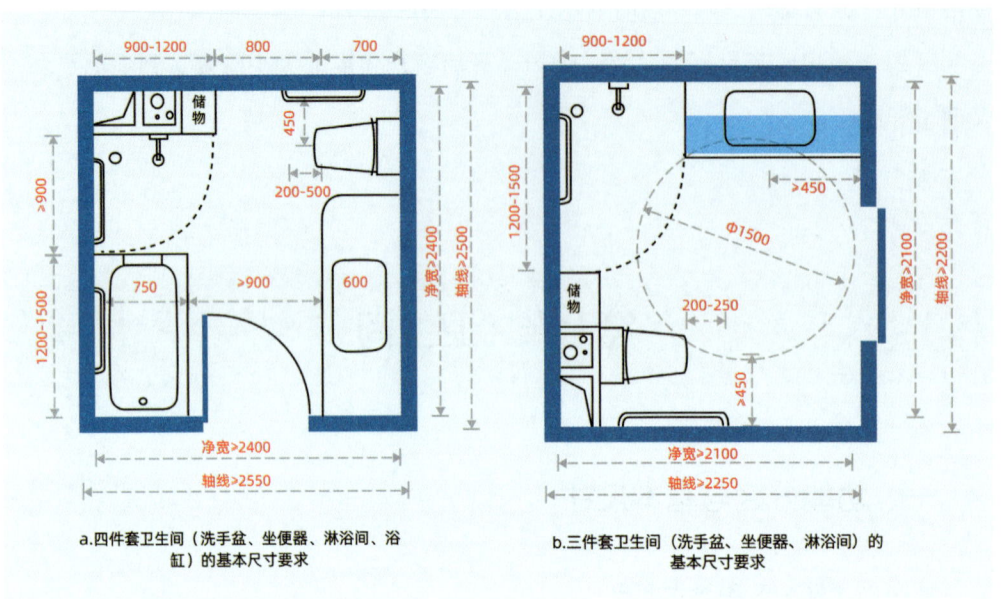

图 5.36 卫生间的基本尺寸要求（单位：mm）

二、空间设计原则

卫生间是无障碍住宅中不可或缺的功能空间，其特点是设备密集、使用频率高而空间有限。肢体功能障碍者如厕、入浴时，发生跌倒、摔伤等事件的频率很高，突发疾病的情况也较为多见，是住宅中最容易发生危险事故的场所。因此在设计时应认真考虑，为居住者提供一个安全、方便的卫生间环境。

无障碍住宅卫生间设计需要着重注意以下几项：

（一）空间大小适当

卫生间空间既不能过大也不能过小。空间过大时，会导致洁具设备布置得过于分散，使肢体功能障碍者在各设备之间的行动路线变长，行动过程中无处扶靠，增加了滑倒的可能性。空间过小时，通行较为局促，肢体功能障碍者动作不自如，容易造成磕碰，而且轮椅使用者难以进入，护理人员也难以相助。

（二）划分干湿区域

一般来讲，我们将卫生间内地面易沾水的区域叫湿区，将不易沾水、常年保持干燥的区域叫干区。因此，淋浴、盆浴区属于湿区，而坐便器、洗手盆的区域属于干区。无障碍住宅卫生间应特别注意的是将湿区与干区分开，以防干区地面被水打湿。通常做法是将淋浴间和浴缸邻近布置，使湿区集中，并尽量将湿区设置在卫生间内侧、干区靠近门口，以免使用时穿行湿区。

（三）重视安全防护

1. 设置安全扶手

坐便器旁边需设置扶手以辅助居住者起坐等动作。淋浴喷头、浴缸旁边也应设置L形扶手，辅助居住者进出洗浴区域以及在洗浴中转身、起坐等。

扶手直径应在30～40mm，能抵抗垂直或水平施加的不小于1.3kN的力。所有的安全扶手应防滑，无任何尖锐或磨损部分。应安装在没有任何尖锐或磨损表面上。如果安装在墙上，则与墙壁的间隙不小于40mm。

2. 利于紧急救助

从便于急救的角度讲，肢体功能障碍者使用的卫生间，应选择推拉门和外开门。因为卫生间内部空间通常较小，居住者如不慎倒地而无法起身或昏迷不醒时，身体有可能会挡住向内开启的门扇，使救助者难以进入，延误施救时间。而推拉门和外开门可以从卫生间外侧打开，便于救助人员进入卫生间。另外，在肢体功能障碍者容易发生危险处需设紧急呼叫装置，例如坐便器侧边、洗浴区附近。其位置既要方便居住者在紧急时可以够到，又要避免在不经意中被碰到而发生误操作。

3. 重视防滑措施

卫生间地面应选用防水、防滑的材质，湿区可在局部采用防滑地垫以加强防护作用；地漏位置应合理，使地面排水顺畅，避免积水；卫生间应保证良好的空气流通，能够迅速除湿，使有水的地面尽快干燥。

4. 保证坐姿操作

洗漱、洗浴、更衣等活动一般持续的时间较长，应为肢体功能障碍者提供坐姿活动的条件。

5. 注意水流问题

水龙头等宜采用自动操作。如需手动操作，应不需要施加持续的力来维持水流，并每次出水至少能维持10秒水流。

（四）便于按需改造

肢体功能障碍者有可能会因突发疾病或意外而从能自理变为需要护理，因此他们对卫生间的空间大小、设备安装位置的需求会产生一定变化，所以卫生间应便于灵活改造。

（1）卫生间隔墙位置可调整。

（2）卫生洁具位置可改变。

（3）淋浴、盆浴可互换。

（五）注意通风和保温

（1）争取直接对外开窗以获得良好通风。

（2）保证洗浴温度稳定。

（3）保证更衣区的温度，宜设置暖气、浴室加热器等取暖设备。

（六）利用间接采光

对于无法直接采光的卫生间，可通过向其他空间开设小窗、高窗，或在门上采用部分透光材质以获得间接采光，而不必完全依赖人工照明。

三、常用家具布置要点

（一）淋浴间

淋浴间如图5.37所示。

1. 淋浴间尺寸

淋浴间内部净尺寸应比一般的淋浴间略宽，以便护理人员出入。但也不宜过大，以免脚下打滑时无法扶靠。通常以宽900～1200mm、长1200～1500mm为宜。

2. 喷淋设备

为满足肢体功能障碍者洗浴时上肢动作幅度的要求，喷头距侧墙至少应为450mm，但也不宜离侧墙太远，以免居住者要摔倒时无处扶靠。淋浴喷头应便于取放，并可根据需要进行高低调节，保证站姿、坐姿均能使用。

3. 淋浴扶手

肢体功能障碍者在进出淋浴间的过程中最易发生危险，需要持续有扶手抓握。

淋浴间侧墙上应设置 L 形扶手以便站姿冲洗时保持身体稳定。

4. 淋浴坐凳

在淋浴间里设置坐凳，既能让肢体功能障碍者坐姿洗浴，也便于他人提供帮助。

5. 淋浴间隔断

淋浴间宜通过玻璃隔断、浴帘与其他空间划分开。对轮椅使用者而言，采用浴帘一类的软质隔断更方便轮椅回转。

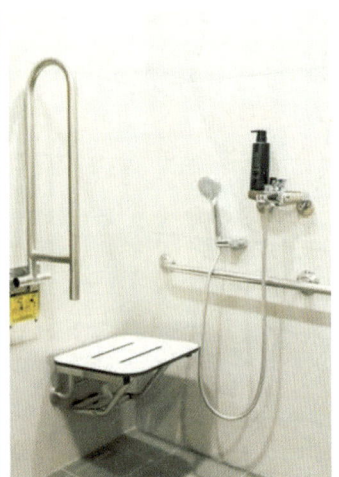

图 5.37 淋浴间

（二）浴缸

浴缸如图 5.38 所示。

1. 浴缸尺寸

浴缸内腔上沿长度以 1100～1200mm 为宜，通常不推荐肢体功能障碍者使用内腔长度大于 1500mm 以上的浴缸，以防止其下滑溺水。为了使用者跨入跨出时的方便，浴缸外缘距地面的高度不宜超过 450mm。

2. 浴缸形状

肢体功能障碍者盆浴时以坐姿为宜，浴缸内腔壁应有合适的倾角，便于倚靠；浴缸两侧应有小拉手，方便使用者从躺姿变为坐姿时辅助使用。

3. 浴缸位置和扶手

浴缸侧应设置扶手，供肢体功能障碍者辅助使用。浴缸的位置宜靠墙设置，便于使用者利用侧墙面安装的扶手。浴缸出入侧应留有适当的空间。

4. 浴缸坐台

浴缸坐台是在浴缸外沿设置的平台，使肢体功能障碍者可以坐姿出入浴缸，保持身体和血压稳定，避免突发疾病等意外事件。

5. 浴缸坐凳

浴缸内可以加设坐凳类的附属设备，使肢体功能障碍者能够在浴缸内坐着淋浴，保证其使用安全。

图 5.38 浴缸

（三）洗浴区附属设备

淋浴间内及浴缸附近应有放置洗浴用品的置物台或置物架，方便肢体功能障碍者在洗澡过程中拿取。

（四）地漏

地漏位置的选择首先应考虑便于排水找坡，其次要注意不影响肢体功能障碍者脚下活动。地漏的形式要便于清理，应有防返臭、防溢、防堵的功效。

（五）更衣区家具设备

更衣区应位于干湿区交接处，是肢体功能障碍者洗浴完毕后从湿区转换到干区的过渡空间。更衣区须设置坐具，方便居住者坐姿擦脚并将湿拖鞋换为干鞋及穿脱衣服等动作。

（六）盥洗台

盥洗台淋浴间如图 5.39 所示。

1. 洗手盆

洗手盆宜浅而宽大，较浅的水池节省了盥洗台下部空间，便于轮椅插入；宽大的水池可以避免水溅到台面上，也方便洗漱时手臂的动作。洗手盆下部应有部分留空，方便轮椅插入或坐姿洗漱。洗手盆旁尽量多设置台面，以摆放一些清洁、护理用品，或暂放洗涤过程中的小件衣物等，方便居住者顺手拿取。

2. 盥洗台扶手

盥洗台前边沿可安装横向拉杆，利于轮椅使用者抓握借力靠近洗手盆，也可起到搭挂毛巾的用途。针对虽能步行但因下肢力量较弱需要扶靠的肢体功能障碍者，宜在盥洗台侧边一定距离内设置扶手，供肢体功能障碍者在双手被占用（例如洗手）时，将身体倚靠在扶手上维持平衡。

3. 镜子

洗手盆上方的镜子应距离盥洗台面有一定高度，防止被水溅湿弄脏。兼顾到居住者有坐姿使用的情况，镜子的位置也不可过高，通常最低点控制在台面上方 150～200mm。

图 5.39 盥洗台

（七）坐便器

与蹲便器相比，应为肢体功能障碍者选择坐便器（如图 5.40），这样他们在使用时体位变化较小，减少发生意外的可能。

1. 坐便器安装尺寸

坐便器常见高度为450mm左右，长度为650~750mm。坐便器前方有墙或其他高起物时，距离应保证在600mm以上，并在前方设置水平扶手，帮助肢体功能障碍者借力起身。坐便器前方和侧方均应留出一定空间，方便护理人员照顾居住者，以及轮椅使用者靠近坐便器。

2. 坐便器侧墙扶手

坐便器一侧应靠墙，便于安装扶手以辅助居住者起坐。扶手的水平部分距坐便器上沿高度为250~350mm，长度不小于700mm；扶手的竖直部分距坐便器前沿约150~250mm，上端距地面为1400~1600mm。

3. 坐便器附加支撑设备

肢体功能障碍者有时不能保持身体稳定，可根据需要对坐便器另加靠背支撑，两侧可加设休息扶手。对于身体非常虚弱的人，还可在坐便器前方加设可供手肘趴扶的支架，平时不用时收在侧边，需要时再折取下来。

4. 手纸盒

手纸盒通常设在距坐便器前沿100~200mm、高度距地面400~1000mm的范围内，保证居住者伸手可及。

5. 紧急呼叫器

肢体功能障碍者在卫生间中如厕时突发病情较多，应设置便于触碰的紧急呼叫器。其通常应设置在两种位置：一是在坐便器侧前方手能够到的范围内，距地面约800~1200mm；二是居住者跌倒在地面后手能够到的范围内，距地面约200~400mm。紧急呼叫器应考虑设置按钮、拉绳两种触发装置，以便于居住者的使用。

图 5.40 紧急呼叫器

四、典型平面布局示例

（一）四件套卫生间

无障碍住宅四件套卫生间的平面布局示例如图 5.41 所示。

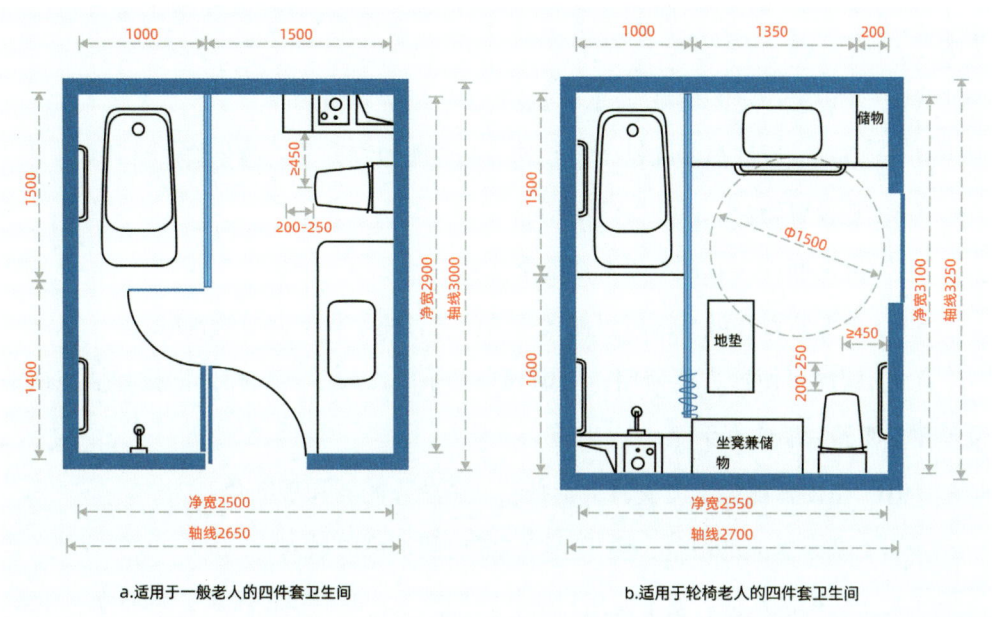

图 5.41 四件套卫生间示例图（单位：mm）

（二）三件套卫生间

无障碍住宅三件套卫生间的平面布局示例如图 5.42 所示。

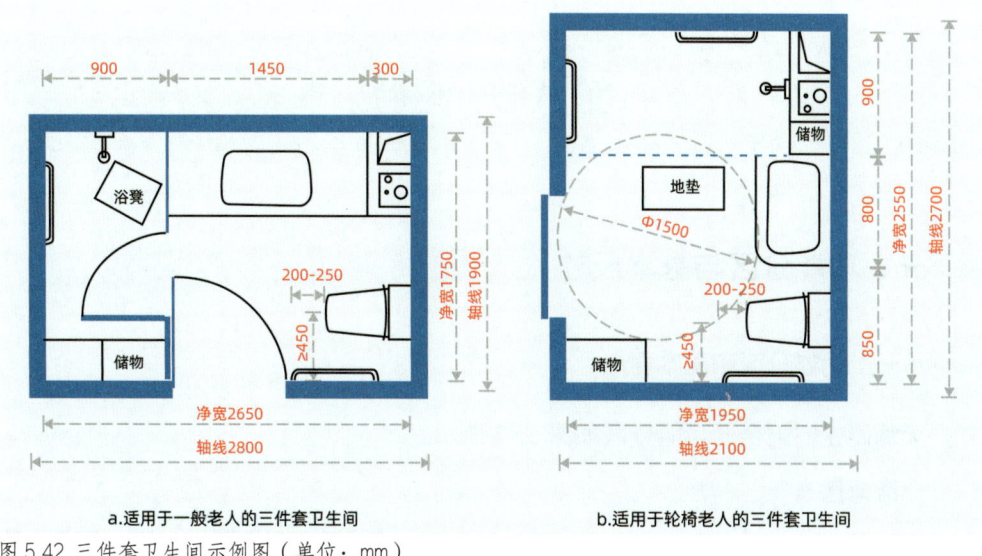

图 5.42 三件套卫生间示例图（单位：mm）

五、设计要点总结

（1）卫生间除了顶灯，还应设置镜前灯，以消除面部阴影。

（2）卫生间主灯应有足够的亮度以照亮全室。

（3）坐便器上方加灯照射，以帮助肢体功能障碍者检查排泄物，注意灯具的防水性。

（4）应设置一定的储藏空间，以放置卫生纸等厕浴用品。

（5）浴室应设加热器和排风扇，其开关应能控制调节，避免被水溅到。

（6）宜设置物台，以放置洗浴用品。

（7）淋浴间内应有供坐姿洗浴的淋浴凳。

（8）地漏宜设在淋浴区域里侧角落的位置，便于积水向里侧排放。

（9）智能坐便器方便使用，考虑到右利手的人较多，其操作面板和插座通常设置在坐便器后墙的右手侧。

（10）坐便器侧墙上应安装L形扶手、紧急呼叫器和手纸盒。

（11）洗手盆下部留空，便于坐姿洗漱时腿部可以插入。

（12）采用浅水池，便于使用轮椅者腿部插入，前沿设置扶手，便于拉近身体。

（13）洗手盆旁应设置防水插座，方便居住者使用电动剃须刀、电吹风等电器。

（14）为了方便坐姿照镜子，镜子下沿不宜过高，以距台面 150～200mm 为宜。

（15）宜设置镜箱以增加储物空间。

第八节 阳台

一、功能分区与基本尺寸

（一）功能分区和基本要点

无障碍住宅阳台的功能分区如图 5.43 所示。

1. 活动区

居住者在阳台晒太阳并进行休闲活动的空间。要求是尽量宽敞，以方便居住者能进行小幅度的健身活动。

2. 晾晒区

阳台内晾晒衣服和被褥的空间。除了能保证安装两根晾衣杆，还应考虑晾晒被褥的位置。

3. 植物展放区

阳台内摆放盆栽植物的空间。要求采光通风良好，离用水点近且便利，并可设置摆放花盆的台、架等。

4. 杂物存放区

阳台内存放一些不宜放在室内的杂物空间。宜留有一定墙面以摆放储物柜或储物架。

（二）平面基本尺寸要求

无障碍住宅阳台的平面基本尺寸要求如图5.44所示。

二、空间设计原则

阳台之所以在日常生活中不可或缺，

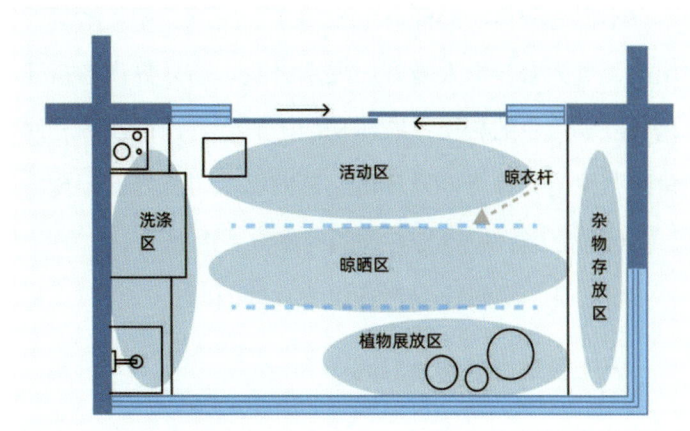

图5.43 无障碍住宅阳台的功能分区

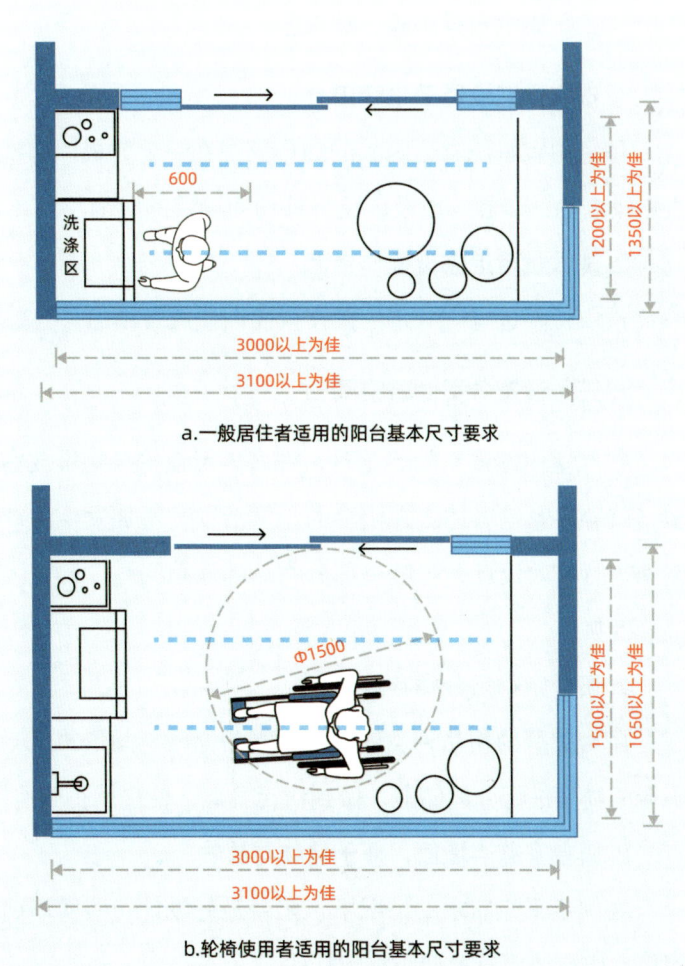

图5.44 阳台的平面基本尺寸要求（单位：mm）

在于它不但为肢体功能障碍者提供了一个晒太阳、锻炼身体、休闲娱乐及存放杂物的场所，更为培养个人爱好、展示自我、与外界沟通搭建了平台。由于身心特征的变化和社会角色的转换，肢体功能障碍者外出的次数相对较少。但从保持身心健康的角度，他们又有与外界环境交流的需求。良好的阳台空间有助于他们摄入外界信息，对延缓衰老、保持身心健康有着重要的意义。

因此，阳台设计需要考虑以下一些问题：

（一）合理划分阳台区域

住宅中的阳台通常可分为生活阳台和服务阳台。生活阳台通常为南向，空间较大，从利于生活角度考虑，宜具备活动区、洗涤晾晒区、植物展放区、杂物存放区等各功能区域。

（二）集中布置洗涤、晾衣区

1. 洗衣机宜设置于生活阳台

住宅中宜将洗衣、晾衣的动作集中在一处完成。将洗衣机移至生活阳台，可省去搬动衣物的步骤，以及因反复移动而导致的滑倒。

2. 洗衣机附近应设操作台面

洗衣机附近应有一定的操作台面以便放置物品、分拣衣物。

（三）设置分类储藏空间

住宅室内储藏空间不足时，许多人习惯将杂物堆放在阳台。如果阳台堆放杂物多，就容易影响居住者在阳台的正常活动，增加发生磕绊的危险。如果对阳台储藏空间进行有效设计，可解决部分物品的储藏问题，避免因随意堆放物品而使阳台杂乱、拥挤。

1. 阳台杂物须分类存放

阳台储藏的物品种类繁杂，所需的储藏空间形式也不尽相同。在设计时，应对阳台的物品进行分类储藏，做到洁污分离，使空间得到有效利用。

2. 阳台宜有实墙面，便于储物与置物

在满足采光需求的情况下，阳台最好设计一些实墙面，便于钉挂吊柜、倚靠储物柜，或在墙面设置挂小物的挂钩。

3. 服务阳台可划分成不同温度区域

服务阳台通常朝北，避开了阳光直射，较为阴凉，有利于存放食品。因此在设计时，若能将服务阳台划分成不同的温度区，如常温区、冷藏区、冷冻区，可便于居住者分类和拿取，也能起到充分利用空间和节能的作用。

（三）巧妙控制阳台进深

1. 阳台进深宜大于 1500mm

住宅阳台以进深较大的方形阳台为宜，但应比普通住宅阳台的面积稍大。除了满足种植花草、活动健身、洗晾衣物、放置杂物等多种功能的需求，还要考虑到轮椅的回转空间。因此，阳台进深应适当加大，至少为 1500mm。

2. 阳台进深不足时可使局部放大

如果阳台不能做到大进深，可以考虑使用局部扩大的方法，既能节省一定的面积，也能保证轮椅回转。

3. 利用房间与阳台形成空间回路

利用住宅内其他房间与阳台形成空间回路，可以间接解决阳台进深狭窄的问题。生活阳台通常与起居室等房间相连通。

（四）消除与室内地面的高差

注意消除土建与装修阶段产生的高差。通常情况下，阳台与室内地面之间会存在小高差。在无障碍住宅中，应尽量消除或减小这类高差，以防出入时不慎绊倒。

注意消除阳台门槛造成的高差。有时，由于阳台采用了推拉门，门框也会导致地面上形成高坎。在为肢体功能障碍者设计时，应对门框附近进行一定处理，使高差在 20mm 以下，并以斜坡过渡，便于轮椅顺利通过。

（五）注意阳台的保温、遮阳及防潲雨问题

应注意提高阳台自身的保温性，保留阳台隔断门以调节室温，可采取必要的遮阳、防潲雨措施。

三、常用家具布置要点

（一）坐具

坐具如图 5.45 所示。

1. 坐具两侧应有扶手

在阳台上摆放摇椅或躺椅类的坐具，方便居住者坐在阳台晒太阳、打盹。坐具的两侧应有扶手，防止肢体功能障碍者在半睡眠或睡眠状态下翻转身体时从椅子上跌落，并且在起立时帮助其支撑身体。而在落座时，双侧扶手有助于肢体功能障碍者保持身体平衡。

2. 坐具旁应设置小桌或侧几

肢体功能障碍者在晒太阳的同时可能会看书报、听广播，因此可在坐具旁设置小桌或侧几，以便有可以放置水杯、药品、收音机、书报以及老花镜等常用物品的台面，保证其不必起身即可方便地取放。

图 5.45 坐具

（二）洗衣、晾衣设备

对于肢体功能障碍者来讲，晾衣是一项比较繁重的体力劳动，晾晒设备应避免反复地弯腰、仰身，以减轻劳动强度（如图 5.46）。

1. 洗衣机的操作高度应方便肢体功能障碍者使用

洗衣机的操作高度要避免肢体功能障碍者在使用时深度弯腰。滚筒式洗衣机宜选择开口位置较高的机型。上翻盖式洗衣机开口的高度较高，对于轮椅使用者查看及取放衣物时有一定的困难，因而不适合轮椅使用者使用。

2. 洗衣机的位置应便于轮椅使用者接近

为了方便轮椅使用者使用洗衣机，其摆放的位置最好距墙角有一定的距离，以便轮椅靠近。

3. 晾衣杆的安装尺寸

阳台晾衣杆的横杆宜有两根以上，间距应大于 600mm，总长度应超过 5m，以便居住者挂晾更多的衣物。

4. 晾衣杆宜采用升降式

升降式晾衣杆既可在晾晒衣物时将其降至合适的高度，又可在晾挂衣物后将其上升，避免衣物遮挡光线，同时保证了肢体功能障碍者动作的舒适安全性，防止其勉强向上够挂衣物时跌倒或抻拉受伤。

5. 应考虑大件被服用品的晾晒

被褥应该经常晾晒，可消毒杀菌。考虑到被褥和床单体量大且重，可在阳台中部高度设置结实的专门晾晒被褥的横杆，方便居住者自行操作。

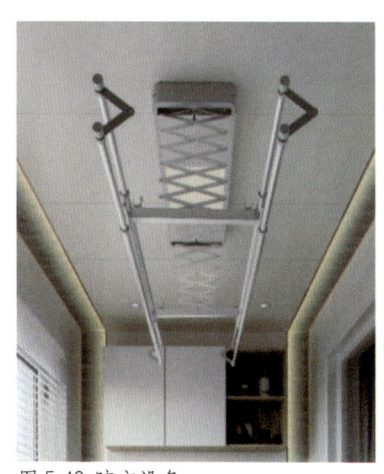

图 5.46 晾衣设备

（三）阳台护栏

封闭式阳台为了获得良好的光线和视野，往往会采用落地玻璃窗。此时有必要在玻璃内侧设置护栏，一方面可以避免居住者产生恐高感，另一方面也能防止轮椅使用者误撞阳台玻璃。对于开敞式阳台，阳台护栏不宜采用实体栏板，而应选择部分透空、透光的栏杆形式，保证通风良好，也便于居住者坐姿时获得良好的视野。

阳台护栏的常见高度为 1100～1200mm。阳台栏杆须结实、坚固，栏杆与周围墙体、地面的连接处应加固。在保证坚固、安全的基础上，阳台栏杆不宜过粗、过密，否则会影响光线的透过和视线的穿透，也会给窗玻璃的清洁带来不便。阳台护栏如图 5.47 所示。

图 5.47 阳台护栏

四、典型平面布局示例

无障碍住宅阳台的平面布局如图 5.48 所示。

五、设计要点总结

（1）在满足采光需求的前提下，阳台宜有实墙面来满足储藏功能，方便钉挂吊柜、挂钩，放置储物柜等。

（2）阳台与室内空间的隔断

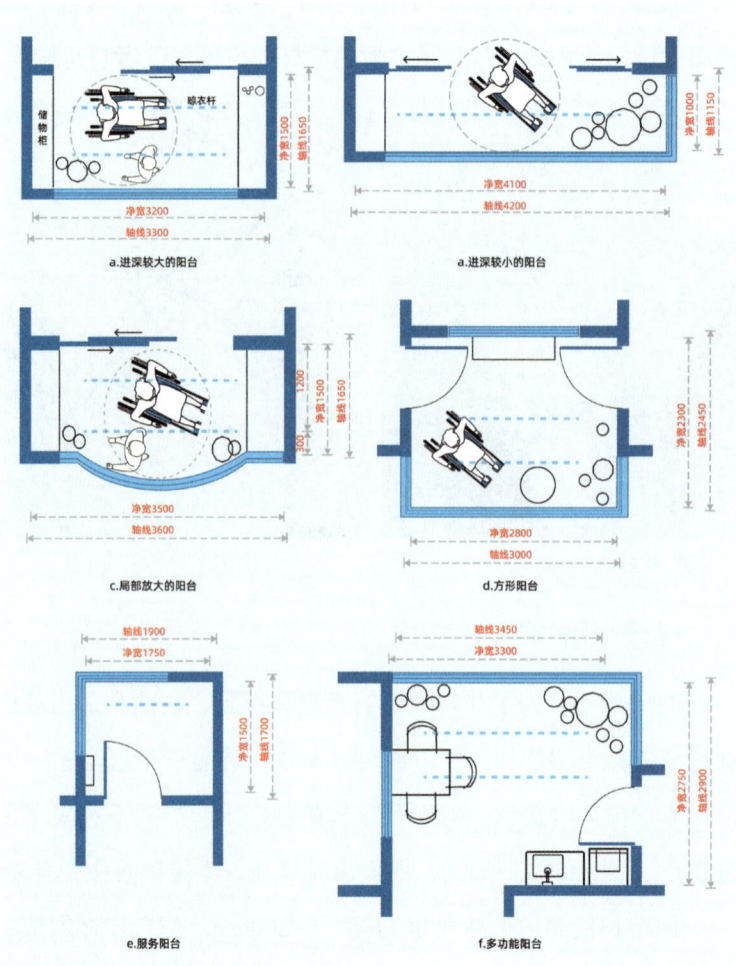

图 5.48 阳台示例图（单位：mm）

门应注意满足室内采光通风要求，并保证通行顺畅。

（3）注意阳台灯具与晾衣杆的位置关系，避免相互妨碍。

（4）阳台宜采用升降式晾衣架，并提供方便晾晒被褥的条件。

（5）可设置侧边晾衣杆。晾晒衣物较少时，可以只用侧边晾衣杆，减少阳台晾衣对室内视线、光线的遮挡和对人在阳台活动的影响。

（6）阳台栏杆扶手应便于扶靠，也可装做晾晒架，搭晾被褥、小物等。

（7）阳台护栏须结实、坚固，但不宜过密过粗，以免影响视线和通风。

（8）可设置台面以放置鱼缸、花盆等，方便居住者欣赏、浇水。

（9）空调机位与阳台设计结合，应注意保证外机的散热、通风。

（10）阳台的地面材质应防水、防滑。

（11）注意消除阳台与室内地面的高差，避免不慎绊倒或有碍轮椅通行，以免降低效率。

（12）阳台中部应留出宽裕的活动空间，最好能摆放坐具和侧几。

（13）阳台应预留电源插座，供休闲和清扫设备使用。

（14）在无障碍住宅中可将洗衣和晾衣功能集中设置在阳台上，以减少居住者多次、反复地走动，避免房间内的地面被沾湿，导致居住者滑倒。

（15）洗衣机旁应设置洗涤池，便于清洗小物和打扫，浇花时可就近取水。

（16）阳台上宜配有上下水和电源插座，供洗衣机等使用。

（17）洗衣机、洗涤池上方应设灯具，以照亮居住者的手头操作。

（18）阳台应设置储物吊柜，以放置洗涤用品和种植工具等杂物。

第九节　走廊、过厅

一、功能分区与基本尺寸

（一）功能分区和基本要点

无障碍住宅走廊、过厅的功能分区如图 5.49 所示。

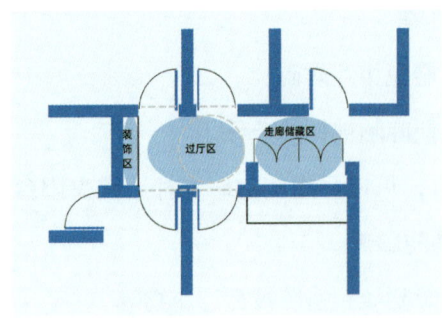
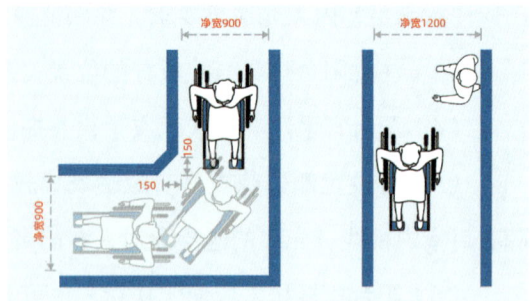

图 5.49 无障碍住宅走廊、过厅的功能分区　　图 5.50 走廊、过厅的基本尺寸要求（单位：mm）

1. 过厅区

走廊通行区域的放大部分，过厅往往联系各个房间的门，其空间大小应能保证轮椅回转和担架通过。

2. 装饰区

在保证通行的基本需求的情况下，可以利用走廊、过厅的空闲区域，设置装饰物。

3. 走廊 / 储藏区

住宅中的交通空间，走廊应尽量缩短，节省面积，局部可设置吊柜或壁柜，实现空间的复合利用。

（二）平面基本尺寸要求

无障碍住宅走廊、过厅的平面基本尺寸要求如图 5.50 所示。

二、空间设计原则

走廊、过厅作为连接各个功能房间的过渡空间十分重要且不可缺少。在无障碍住宅中，走廊、过厅也是无障碍通行设计的重点。走廊的功能不只是单一的通行，可以通过合理设计，使走廊空间的利用率更高，使用起来更便利。

无障碍住宅的走廊、过厅设计应满足以下几项原则：

（一）节约走廊面积

在无障碍住宅设计中，走廊不宜狭窄和曲折，否则易造成轮椅和担架通行不便。通常户内走廊的净宽宜为 900～1200mm。但为了方便轮椅回转和节约面积，可将走廊做一些宽度变化。

（二）保障通行安全

无障碍住宅中的走廊不应设台阶及高差，地面宜选用平整、无过大凹凸的材质。

走廊、过厅的主要功能是通行，应为肢体功能障碍者设置连续的扶手或兼具撑扶作用的家具，高度在 850～900mm。对暂不需要使用扶手的居住者，应在走廊两侧墙壁预留设置扶手的空间，预埋扶手固定件。走廊要保证良好的亮度环境，尽量利用门和透光隔断墙，使走廊获得间接采光。

（三）灵活利用走廊两侧空间

有条件时，可设置较为宽裕的走廊，当居住者身体健康能自立行走时，可在走廊两侧墙面安排易于拆除或可移动的储物壁柜、家具，使走廊的一部分具备储藏功能；当居住者需要坐轮椅时，可拆除壁柜或移走家具，便于轮椅通过。

（四）保证走廊可改造性

走廊两侧的墙面不宜都为承重墙，最好有一面为隔墙，易于改造。在必要时，也可将走廊空间开敞化，纳入其他房间，扩大使用面积，实现空间的复合利用。

三、常用家具布置要点

（一）储藏柜、壁柜

设在走廊中的储藏柜可考虑在 850～900mm 高度处设置台面，以供肢体功能障碍者撑扶，起到替代扶手的作用。柜深度视具体空间尺寸而定，通常不宜过大，以 300～400mm 为宜，去除柜深后过道的宽度应保证正常通行所需。柜门的宽度应考虑开启时不影响取放物品的操作和通行。储藏柜、壁柜的柜体及拉手均不能有尖锐的凸出物，以免居住者在行走中不慎磕碰或刮挂。储藏柜、壁柜如图 5.51 所示。

图 5.51 储藏柜、壁柜

（二）扶手

较长的走廊中应设置扶手，尤其是居住者在夜间去卫生间需经过的走廊，应在必要处设置扶手，或预埋扶手固定件，以便在居住者需要时使用。

四、典型平面布局示例

无障碍住宅走廊、过厅的平面布局示例如图 5.52 所示。

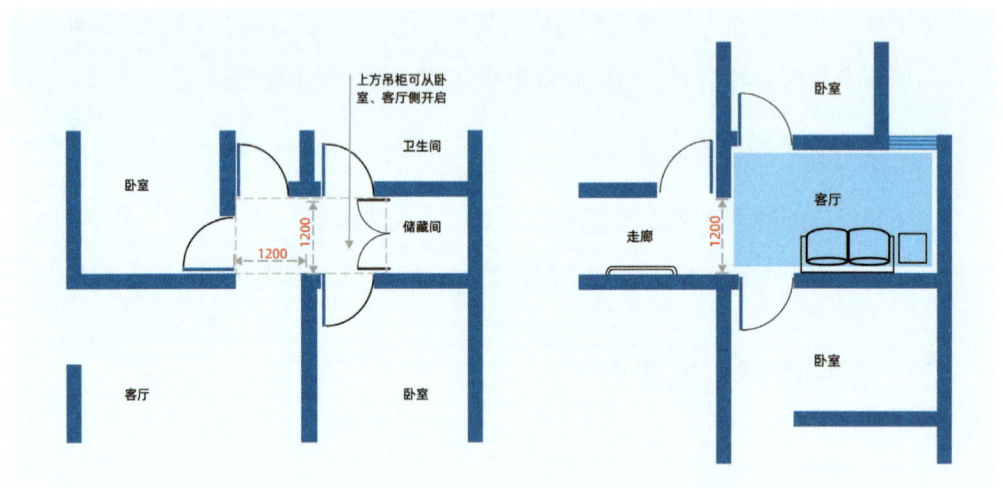

图 5.52 走廊示例图（单位：mm）

五、设计要点总结

1. 长走廊应设置专门照明，以保证居住者行走时的安全，走廊顶部灯具应保证光线分布均匀，照度足够。

2. 在保证通行需求的情况下，可以利用走廊、过厅的空闲区域，设置收纳柜，同时可布置装饰物以形成对景。

3. 如为轻质隔墙，应在墙体内预埋固定件，便于日后安装扶手。

4. 设置壁灯或地灯作为补充照明以及居住者起夜时的照明。

5. 走廊的净宽度宜为 1200mm，可借用房间的入口处或局部放大走廊空间完成轮椅的转圈。

6. 必要设施应设置防撞板，以免导致轮椅碰撞。

7. 无障碍住宅的走廊不宜狭窄、曲折，应保证轮椅和担架能顺利通行。

8. 玄关柜、储物柜等台面高度为 850～900mm，可供居住者行走撑扶。

9.长走廊的灯具开关可采用双控形式，在肢体功能障碍者卧室门的位置和走廊端部各设一处，保证其在行进过程中始终有较好的光线。

10.走廊要保证有良好的亮度环境，避免形成阴暗死角，尽量利用门和透光隔断，使走廊获得间接采光。

11.走廊两侧的墙面最好有一面为轻质隔墙，在必要时，可将隔墙拆除使走廊空间扩大化，开敞化，便于居住者活动。

12.走廊应尽量缩短，以节省面积，可利用走廊和房间入口门附近的空间，设置吊柜或壁柜，实现空间的复合利用。

第十节　常见设备节点

一、安全警告设备

居住者由于自身身体机能退化等原因，对危险的预防、感知、应对能力有所下降，因此无障碍居家环境下应更细致地进行安全防卫与应急疏散设计，如门磁监控系统、红外生命体征监测、健康数据监测系统、烟雾报警器、燃气报警器等，以及各房间不同的保护性措施。

（一）安全防卫设备

无障碍环境下应尽可能细致地进行安全防卫设计，如门磁监控系统、红外生命体征监测、健康数据监测系统、报警器等，以及各房间不同的保护性措施。

（二）紧急警告设备

室内应设有清晰的紧急警告设备，即火灾报警系统或烟雾报警器，包括声音警告装置和可见信号警告装置。安装这些信号警告装置应注意以下几点：

1.声音信号应提供独特的声音并具有足够的功率，以明显超过环境噪音供居住者听到为宜。

2.安装可见的闪烁信号（需测试可见的闪烁信号，以确保其不会引发癫痫发作）。

3.信号应安装在墙上，并在背景颜色和照明下轻松可见。

4. 对于特殊情况下的居住者，便携式振动警报器应被考虑作为听觉信号的补充。

报警系统应为两级系统（例如应相互区分），直接连接到消防大厅（如有可能），以确保消防部门及时响应（如图 5.53）。紧急警报必须支持对所有居住者的适当疏散策略，包括工作人员和访客。

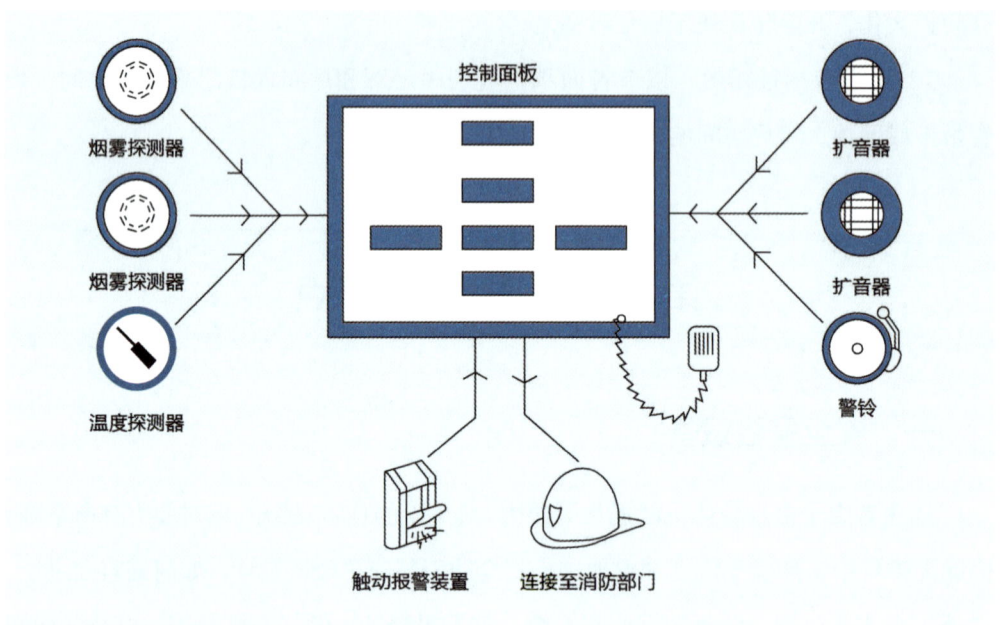

图 5.53 报警系统传感示意图

（三）紧急呼救装置

特殊区域如浴室等应设有紧急呼救装置。如果允许，室内应尽可能保证各房间均设有紧急呼救装置。

二、辅具空间

辅具包含辅助起居、洗漱、进食、行动、如厕、家务、交流等生活的各个层面的上万种产品，是残障人士生活和康复过程中必不可少的器具。

（一）分类情况

1. 按使用人群分类：如我国六类残障人使用不同辅具。

2. 按使用环境分类：如 ICF（International Classification of Functioning, Disability and Health）在环境因素里提出了用于生活、移动、交流、就学、就业、文体等不同

环境的辅具。

3. 按功能分类：即根据国际标准和国家标准的分类。根据国家标准《康复辅助器具 分类和术语》（GB/T 16432—2016），辅助器具产品划分为 12 个主类、130 个次类和 794 个支类。

（二）辅具的空间要求

1. **空间内基本要求**

在居家环境中，针对不同人群的不同失能程度，已有诸多种类的辅具设备以供不同失能人群生活通行，应按照使用情景，尽可能地允许居住者使用多种移动辅具设备，如坐便椅、沐浴椅、助行代步器具等，并使室内空间可顺利使用辅具设备。

2. **轮椅使用空间对应尺寸**

标准轮椅 360 度转弯所需空间为 1500mm × 1500mm，应保证室内各部分均有足够的空间供轮椅等辅具使用（如图 5.54）。其他移动设备和辅助设备可能具有不同的尺寸和不同的机动能力。在设计中需要考虑目前正在使用的移动设备和辅助设备的类型，并适当地扩大室内空间和细节间隙。

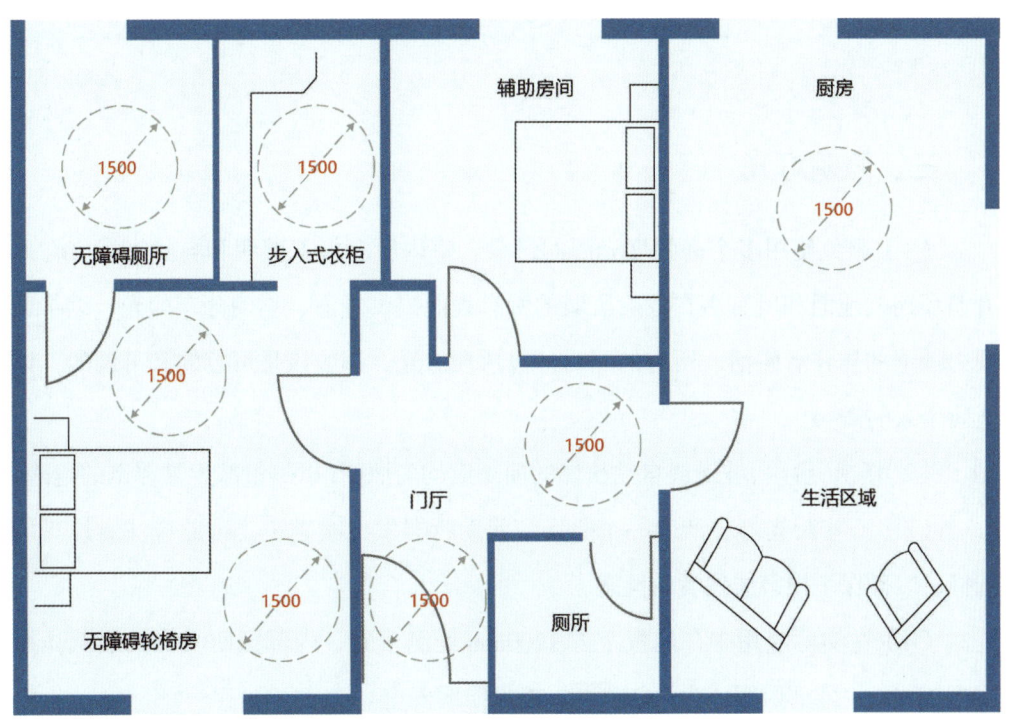

图 5.54 无障碍房屋空间尺寸（单位：mm）

3. 空间内特殊要求

在特定区域因某些行为可能需要更多的空间要求。如在厨房中，由于环境等复杂，可能需要居住者做一些特殊的动作如开拉橱柜、台面作业等，这便有更细致的要求（如图5.55）。

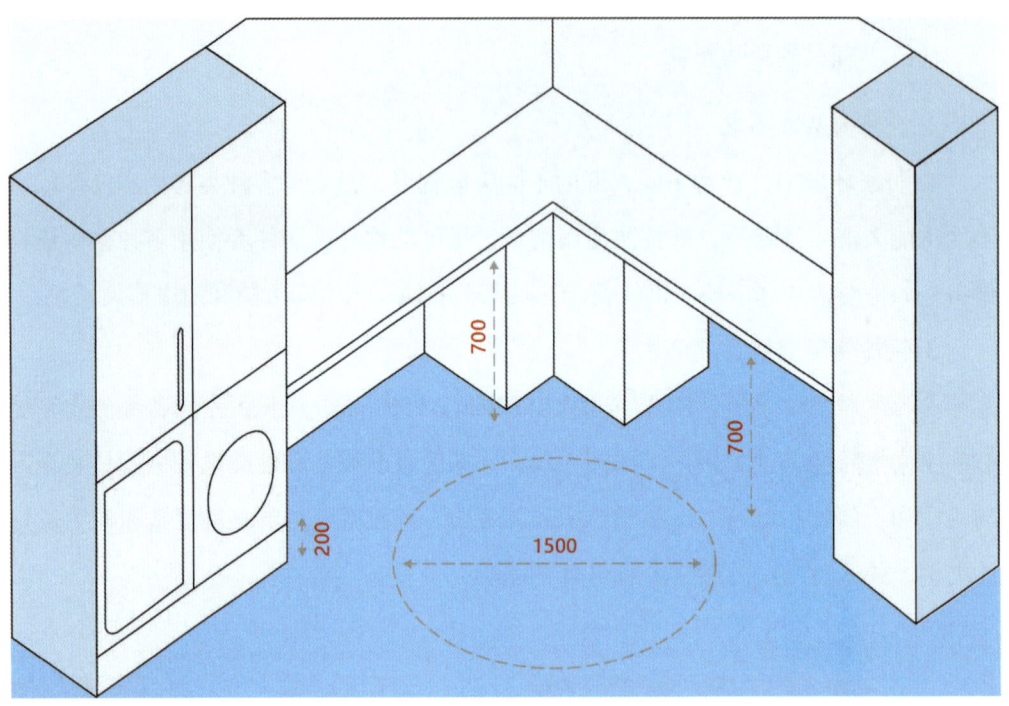

图5.55 无障碍厨房示例（单位：mm）

三、照明灯光

（1）避免使用多个高强度光源的灯具。室内所有人工照明和自然光源应在所有循环路线地面和所有潜在危险区域的所有表面提供舒适、均匀分布的光，以帮助视力低下的居住者生活。所有的照明，包括自然光，都应该是可控的和可调的，以适应个人的需要。

（2）楼梯、台阶、坡道或自动扶梯的前缘应均匀照明，以尽量减少被绊倒的危险。

（3）一些荧光灯会产生一个磁场，使助听器发出嗡嗡声，因此应注意灯具的选择，以确保不损害居住者的健康。

（4）在实际应用中，地板上方1200mm处测量时，内部照明发出的最低光照应为200lux。外部照明应为100lux，以确保照明安全。

（5）光照水平的一致性是视障患者主要关注的问题，因为他们对光线变化的适应能力较弱。另外，照明设计应确保光线的质量尽可能接近全光谱，以帮助有视觉障碍的人判断色彩。

（6）如果有可能，应利用自然光协助照明入口、走廊和主要工作空间。但是，应注意尽量减少对视力障碍者产生直接眩光（例如，从地板等表面反射）。

（7）如果使用表面安装的荧光顶灯，通常建议其侧面遮光（不应使用环绕透镜），并与行驶路径成直角。或者，它们可以用于走廊两侧的凹形或帷幔式照明，以确保光源在正常行走路径上不可见。

（8）在光源和灯具的选择与设置中应尽量减少来自附近反射表面的直接或间接眩光，以确保视力低下的人生活安全。因此，高强度光源如石英、卤素或其他尖端光源（例如吊灯）应谨慎使用。这种光源通常不推荐使用，因为它们对视力障碍者来说存在隐患，并易在闪亮的表面产生眩光反射点。

四、电器插座、接口及开关等

对于所有的墙面中的开关及插座（如图5.56）等进行安装设置，应满足：

（1）由于居住人群的特殊性，开关等控制装置应视情况设置于800～1200mm的高度，插座应安装在地面上方600～1000mm处，并且始终距离任何转角至少300mm。其中，经常使用的电灯开关和插座应设置在较高的位置，在750～1000mm处。

（2）所有开关、插座接口等应清晰可见。应通过明显的色彩信息实现与周围环境的视觉对比，并清楚地指示其是否打开，实现开关、电源点和加热或其他控制的简单视觉识别。

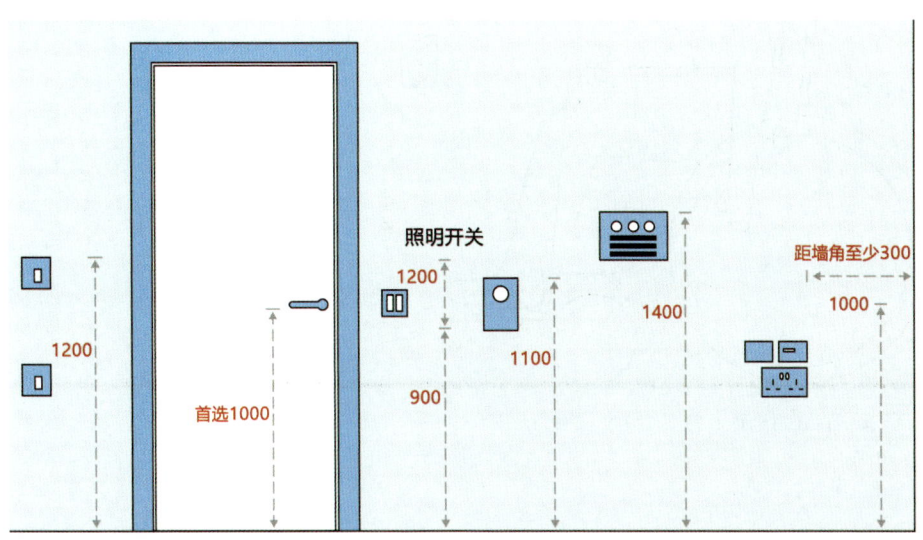

图 5.56 控制/开关装置示意图（单位：mm）

（3）电气插座的开关控制应位于周围安装件的外侧。所有开关和控制板应仅使用单手闭合拳头即可操作。照明开关应为大型摇杆类型。在杠杆式控制装置或升降按钮的设置上，一般建议使用直径应不小于 15mm。

（4）使用关键控制件或操作机制的说明信息应在具有高度对比度的背景下的大型打印文本中清晰可见。指令应安装在关键控制或操作机制附近，以便所有用户识别。

（5）在一些特殊需求下，红外传感器可用于检测昏暗的光线，并激活辅助照明。

（6）所有开关、插座接口或按钮等，都应方便肢体功能障碍者使用辅助器具时使用，具体安装高度应设置在方便居住者使用的高度区间内（如图 5.57），视情况放置在距离地面 600～1000mm 处。

（7）如果工作台下有清晰的空间，开关和插座应在工作台后面的墙上，距离地板水平 1000mm，距离任何一个角落 500mm。如果工作台下没有净空间，开关应放置在工作台末端的回流墙上，距离工作台前沿以上 100～150mm 处。

（8）当控制装置位于一些设备上方，处于坐姿的人员无法触及时，应考虑坐姿者如使用轮椅的人员如何操作抽风机，使用遥控器是一种选择。

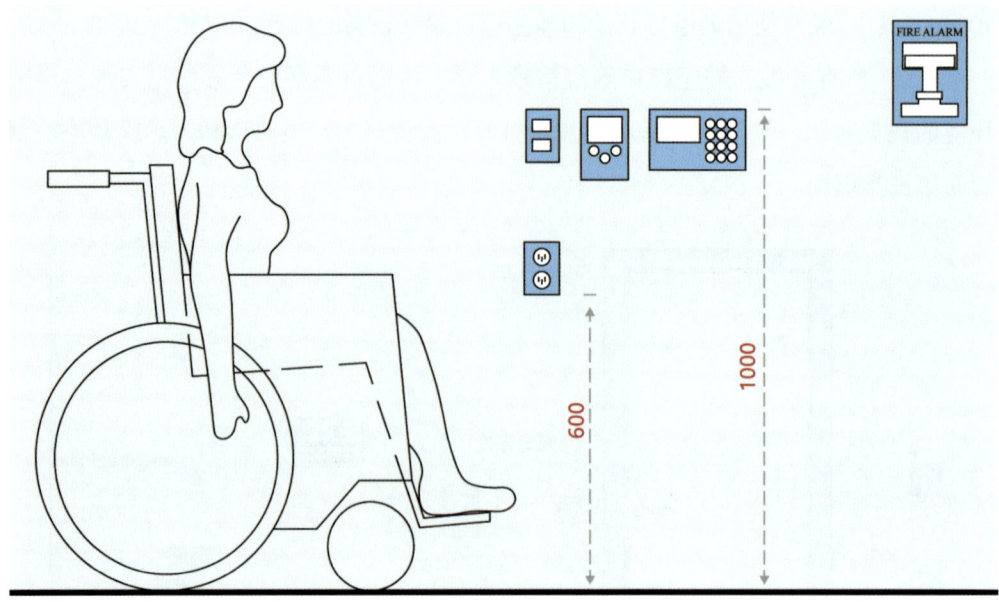

图 5.57 操作装置距地面示意图（单位：mm）

第十一节 门窗

一、门的设计要求

（一）门口尺寸与基本要求

1. 出口门应向外打开。

2. 在门打开 90 度的情况下，门表面和相对门挡间测量门道的最小净开口不应小于 800mm，宜大于或等于 900mm。门前区域应为边长至少 2440mm 的方形区域，以供居住者更便利通行（如图 5.58）。

3. 使用全玻璃门时，应使用连续的不透明条标记。如果使用蚀刻或图案玻璃，应提供高对比度颜色的贴花或条纹。标记应满足：不透明且色彩鲜明；至少 50mm 宽；位于地面上方 1350～1500 mm 处，且横跨全门。

4. 当外部门打开进入行人区域时，应在敞开门的两边安装符合规定的安全防护装置，突出尺寸至少为 300mm，且防护装置下层横栏最大高度不超过 680mm（如图 5.59）。

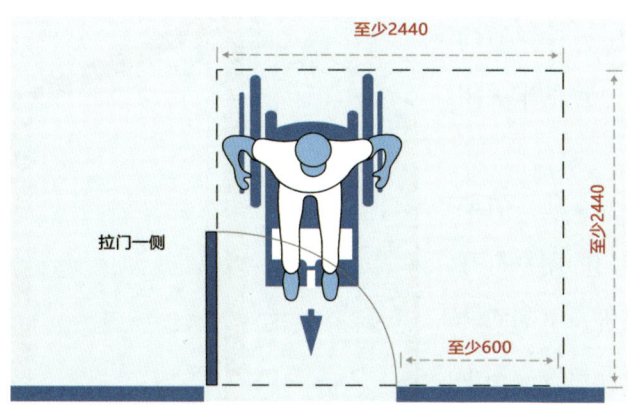

图 5.58 门前尺寸（单位：mm） 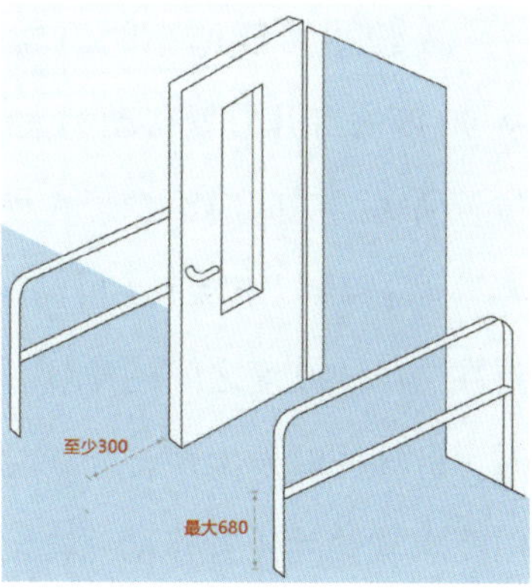　　　　图 5.59 门口安全防护装置（单位：mm）

（二）出入口轮椅空间及相关设计

1. 门的两侧应有水平的轮椅操作空间。如果门没有配备电动操作器，那么在门闩旁边应留有一个清晰的空间，并应保持和门一样的高度。

2. 两个串联的合页门之间的最小空间距离应为1500mm，再加上摆动进入该空间的门的宽度。如果两扇门非对向设置，则应在门厅区域内至少保留直径为1500mm的圆形空间，且避免其他物体摆动进入。

3. 如果提供手动电动门操作器，则应清晰可见；其位置应允许使用轮椅等辅具的人在紧靠控制装置的位置停止，且停在一个符合逻辑、激活后不需要绕过门或障碍物的位置；其距离任何内角至少600mm；其应位于门的锁闩一侧；如果门朝着用户打开，控制装置应位于距门摆不小于600mm且不大于1525mm的位置。

4. 如果在室内使用轮椅，则应在墙面及转角处做防撞处理，在门的底部应提供保护门表面的踢脚板。踢脚板应装在横跨门底部的全部宽度至400mm处。

（三）门的开合

1. 在门把手以及锁闩、锁的设计上，应使其仅靠单手，且仅用抓握、捏或扭转手腕等动作即可操作，并设置在距离地面900～1100mm之间。对于上肢能力弱的居住者，应设置在800～900mm之间。门把手和门之间的间隙应至少为50mm，以确保那些手部功能受限的人可以开门。

2. 设计中应充分考虑推或拉门的最大开门力：外合页门不超过38N；内合页门不超过22N；滑动门或折叠门不超过22N。对于上肢能力较弱的居住者，开门力宜小于15N，不应大于25N。

3. 应尽可能调小闭门器的压力，并使门从90度的打开位置移动到大约12度的半关闭位置所需的时间应不少于3秒。

4. 自动门应保持门打开至少8秒，门保持在70～90度之间的角度。当门向用户打开时，应该同时发出声音和视觉警告。电动回转门要求从关闭位置移动到完全打开位置应不少于3秒，且不需要用超过66N的力来停止门的运动。

5. 如果门没有配备关闭装置，则门的边缘应与门的表面进行颜色对比。门或门框颜色应区别于周围环境，门把手和其他操作机构颜

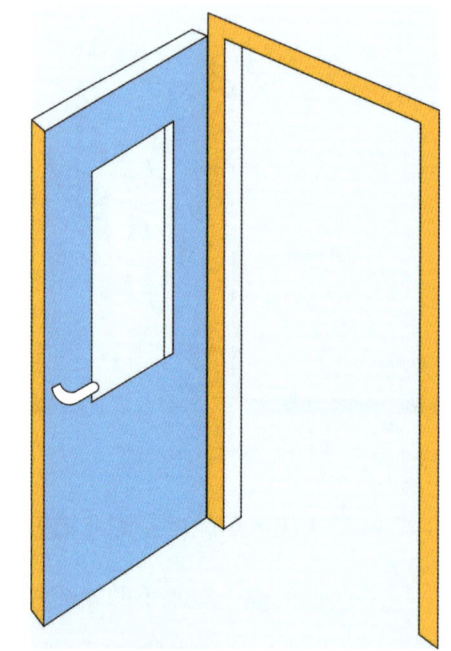

图5.60 门框色彩区分

色应区别于门本身（如图 5.60）。

二、窗的设计要求

在窗户类型的选择上尽可能使用平开窗、悬窗、百叶窗等曲柄操作式和动力操作的窗户，以减少居住者伸手来打开、关闭和锁定窗户的情况。

（一）窗高与相关尺寸

1. 客厅窗户玻璃安装高度不得高于地板高度 850mm，窗户应易于打开和操作。用于打开窗户的控制装置应位于离地面 1000mm 或以下的位置。

2. 若设置观景窗户，则其最大窗台高度为 760mm，以使居住者可以用坐姿向外观看，并为房间增加更多的自然光线；如果包含水平横梁，则横梁不得位于距地面 760～1200 mm 之间（如图 5.61）。

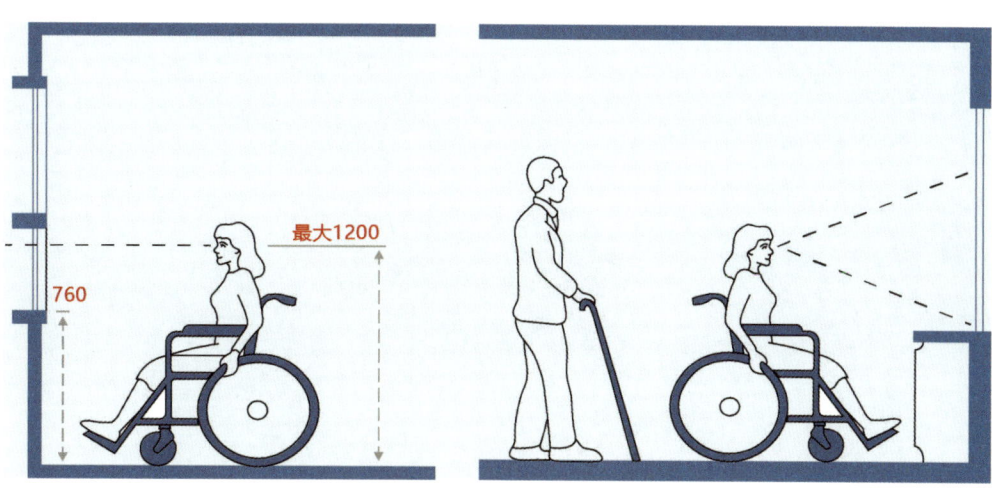

图 5.61 室内窗台高度示例（单位：mm）

3. 在高度 850～1200mm 之间不得放置横梁，以使窗户视野清晰可见。操作窗户、窗帘、百叶窗和门的环境控制装置可能对某些人群有用，应事先寻求相关的专业建议，以提前更改设计。

4. 当使用无框玻璃视窗时，暴露边缘应使用垂直安全条纹标识，用于覆盖每个暴露玻璃板的末端。

（二）窗的开关设计与安全性要求

1. 在窗户把手的设计上，把手的安置应位于距地面 400～1200mm 之间；使居住者可以用一只手打开窗户；打开方式尽可能简单；可配备电动遥控装置以方便开关窗户。

2. 出于安全考虑，正常窗户打开的部分不应低于地面800mm。在离地板800mm以下的任何窗户中，都应使用安全玻璃。

3. 应保证轮椅使用者能够从坐姿位置到达窗户的打开和关闭处。如果设计不包括这一点，则应添加某种形式的通风，例如可触及的抽出风机控制。

4. 为了保证儿童窗户的安全，应设置一个限制器来限制窗户可以打开的程度。

5. 任何窗户打开时不应突出到外部循环路线以妨碍通行。如果窗户向外开向人行道，那么突出部分应限制在100mm以内，以避免碰撞。

6. 百叶窗、窗帘应有控制器和拉线等，并为使用移动辅助设备的人安装不超过1200mm。

第六章　居家无障碍信息化的改造设计

"信息化"这一概念在20世纪60年代初提出。一般认为社会的信息化是指信息技术和信息产业在社会发展中的作用日益加强并发挥主导作用的动态发展过程。随着信息化社会的发展，人们的生活环境及生活方式也正被信息技术与网络的发展所改变。为功能障碍者进行无障碍信息化的建设是改善并支持其生活的重要途径。

第一节　无障碍信息化概述

一、无障碍信息化的意义

"无障碍信息化"是指任何人在任何情况下都能平等地、方便地、无障碍地获取信息、利用信息。它包括电子和信息技术无障碍和网络无障碍。前者是指电子和信息技术相关软硬件本身的无障碍设计及辅助产品和技术，后者包括网页内容无障碍、网络应用无障碍及它们与辅助产品和技术的兼容。

加强残疾人事业信息化建设是国家政务信息化建设的整体要求，是实现残疾人事业现代化管理和可持续发展的重要措施。

在建设和谐社会的今天，残疾人事业信息化建设已被提到国家信息化建设的一项重要议事日程上来，中国残疾人事业信息化建设逐渐步入一个新时代。

二、无障碍信息化的应用

随着技术不断更新，现有的信息技术能够通过信息无障碍帮助残疾人实现更为便捷的信息获取、交流，例如视觉功能障碍者能够通过屏幕朗读、语音合成等技术获取信息；听觉和言语功能障碍者能通过按键、字幕等功能正常使用即时通信工具；肢体功能障碍者能够通过自定义手势来实现交互并使用功能；智力及精神功能障碍者能够通过符号、颜色、文字等多元交互，降低所获取信息的复杂程度。对比早期功能障碍者需要学习盲文、手语等特殊语言才能与会盲文、手语的人实现沟通与交流的情况，信息化时代为功能障碍者等带来了更多消除障碍的可能性，以及与正常人一样创造价值的潜力与能力。

同时，随着智能化信息服务的广泛开展，大众健康护理和日常保健意识逐步提升，医疗产品不再拘泥于传统的机构空间和治疗性品类，智能化的检测、监测和理疗型医疗产品逐渐进入居家环境。居家智能医疗产品不仅可以帮助家庭实时掌握居住者的健康状态，而且能为一般慢性疾病提供预疗方案。移动互联网的发展为无障碍信息化服务的发展带来了解决方法，即通过移动终端收集用户的信息、建立用户体系，提供针对性、个性化的生活问题解决方案。互联网云平台计算分析可以将捆绑软件的移动设备端连接居住者端和医疗机构、家属，居住者的健康监测数据结果与医疗服务机构及其家属数据同步。相关人员通过手机健康管理平台随时随地即可查询居住者的各种健康数据，并给予相应的治疗保健方案和照护。居住者通过手机健康管理平台不仅能得到紧急医疗救助、康复护理、家政服务等一系列居家上门服务，还能使居住者在足不出户的情况下实现与医疗专家远程诊断。

三、无障碍信息化的趋势

近年来，物联网、大数据、人工智能等新一代信息技术及其新模式、新业态的不断涌现，互联网应用已成为移动互联网高速发展下信息服务的主要载体，对提供各项民生基本服务和促进经济社会发展发挥了重要作用。

2020年9月工业和信息化部、中国残疾人联合会制定下发了《关于推进信息无障碍的指导意见》，完善信息无障碍建设顶层设计，进一步做好信息无障碍工作，强化市场供给，提升产品服务质量，提高社会普遍认知，加快推进我国信息无障碍建设，努力消除"数字鸿沟"，助力社会包容性发展。

2020年12月工业和信息化部印发《互联网应用适老化及无障碍改造专项行动方案》，着力解决肢体功能障碍者等特殊群体在使用互联网等智能技术时遇到的困难。

第二节 智能安全监护设施设计

一、智能安全监护设施

智能安全监护设施安装内容包括：门磁监控系统、红外生命体征监测、健康数据监测系统、血压计、血糖仪、智能床垫、烟雾报警器、燃气报警器等。利用现代科学技术和信息系统，通过专项终端和网络，为肢体功能障碍者及其家庭提供实时、快捷、高效、低成本的物联化、互联化、智能化服务。

智能安全监护设施旨在利用先进的IT技术手段，研发面向各类障碍者、失能者、社区以及各类养老、服务机构的传感网系统与信息平台,并在此基础上提供实时、快捷、高效、低成本、物联化、互联化、智能化的老年(无障碍)服务。其有效整合物联网、大数据、通信网络、智能呼叫等科技手段,以信息化、智能化呼叫救助服务平台为支撑,通过多种数据采集方法,对用户的日常身体健康进行数据采集分析,掌握用户第一时间的健康状态,以建立信息数据库为基础,提供紧急救援、生活照料、家政服务等基本服务内容,以社区为依托,有效整合社会服务资源,建立完善的信息服务体系,为各类功能障碍者保驾护航。

二、环境类安全监护设施

智能安全监护系统以居住者为核心,同时建设居住者亲属平台和社区医院平台,共同为居住者的健康生活提供保障,其系统主要由技术、终端产品组成。技术通过智能感知、识别技术与普适计算打破了传统思维,使人们尽可能地实现各类传感器和计算网络的连接。

居家环境中的安全监护设施应能保障居住者意识到并脱离由周围环境安全问题带来的隐患,如火、电、燃气一类的安全问题。比如,在打开燃气使用后,若居住者离开一定范围、一定时间,智能监测系统能够检测到并报警,提醒居住者关闭阀门。报警模块可分为语音、短信报警模式,能及时提示、通知居住者的相关健康情况和居家情况,并利用信息传输将数据发送至居住者的子女、医院、警方等各个模块。

三、人身安全类检测设施

(一)基本分类

如上文所说的终端产品一般为感应器设备,现有心电监测器、血压监测器、智能手表等设备用于检查居住者的血压、心率等身体健康问题。

(二)具体设计

智能安全监控主要通过在居住者环境周边布设监控系统和简易的视频通话系统,以便于家庭成员可以随时获取居住者的生活状况。

运动分析设施主要为患有阿尔茨海默病等一类病症的居住者设计,检测设施为居住者设计定位模块,当居住者外出时,或运动速度过快或过慢至超出合理范围,其设施将发送预警信息。

健康管理，其作用是收集居住者的日常生理参数，为居住者提供健康方面的信息化管理及服务平台。此类设施、产品如智能手环等能够及时采集居住者的脉搏、血压、心率等信息，以及居住者的生活规律，以此来分析其健康状况，并将数据上传至平台，以供分析监测。

第三节　信息化平台应用与管理

一、无障碍信息化平台

随着信息技术日新月异，我国社会信息化的发展不断进步，以云储存和云计算为基础的信息技术逐步渗透社会各领域，先进高效的信息化手段不断促进各方面的改革和发展。无障碍领域也是如此，利用信息化技术搭建的无障碍服务平台及提供信息网络服务将对提高我国各类肢体功能障碍者的生活水平大有裨益。

二、无障碍信息化平台内容

（一）要求

居家无障碍信息化平台需要综合运用计算机硬件技术、网络技术、智能控制技术、通信技术。在需求侧，做到"需求识别，风险预警，即时服务"；在供给侧，整合地方无障碍服务机构、养老机构、医疗机构、服务企业等资源，为其提供完善的服务。

（二）服务内容

在服务内容上，居家无障碍信息化平台应具备：

（1）健康信息管理服务，依托各类智能穿戴产品，对居住者进行身体健康数据检测、评估，并将数据反馈至家人、医生等处，以对居住者身体状况的改变做到第一时间掌握。

（2）生活照料服务和精神慰藉服务，对高龄、失能、失智等身体状况差、生活自理困难的居住者实现生活家政服务，这要求建立统一的信息化平台，以对整个社区乃至地区进行统一调度。

（3）信息交互系统，依托互联网技术、物联网技术、智能化设备和健康服务平台，将各终端传感器及视频监控、呼叫通话系统进行万物互联互通。这种智能信息云平台的服务模式确保了居住者可以享受便捷快速及优质及时的医疗、康复、照护服务。

（4）无障碍产业延伸服务，基于云计算、大数据、人工智能等信息技术，搭建无障碍服务综合信息平台框架，整合政府公共资源、社会公益和市场商业资源，实现居家社区服务、机构入驻、诉求处理、公益活动和网上商城等综合性无障碍产业链服务。

三、无障碍信息化平台应用

（一）无障碍信息化平台管理

目前，我国多座城市正积极开展面向肢体功能障碍者等特殊群体的无障碍信息化平台，打造基于互联网技术的智能生活模式，通过网络整合资源，探索无障碍信息化服务、智慧养老等模式。

（1）对于平台应用端使用人员，平台有项目督导、评估、施工等供项目设计、施工、进度、费用结算等各方面的管理功能，收集现场进度、工程量和质量数据。项目资源统一监督管理，实现报表自动生成，避免繁复上报。

（2）对于平台管理端使用人员，平台有项目总控、项目监理等提供实时在线协调项目、内部监督管理、动态计划管理、执行情况分析等应用，实现全程把控、跟踪的状态。

（3）对于管理服务对象的人员，平台有老年人家庭、政府机构、街道社区、监管机构等提供大数据可视化查看，实时监管把控每一个环节，从根源监督产品质量、操作规范、服务态度、改造效果等。一旦发现问题，可第一时间要求相关单位整改，实现项目的开展到收尾工作顺利、高效地进行。

（二）无障碍信息化平台管理

任何养老、助残模式的推广实践都离不开政府的支持，政府扮演着主导者的角色。首先，可以调控市场资源配置，实现资源优化配置，其次，适当进行具体项目的财政补贴。在助残、智慧养老及各类无障碍服务中，提高社会化水平，引导与社会参与相结合，加速产业化发展，实现智慧养老、助残服务与智慧医疗相结合。

居家无障碍信息化管理主要涉及项目信息、项目评估、客户信息、改造产品清单、改造方案、各施工单位及施工人员信息、售后服务等各项改造任务的相关信息采集与数据分析，程序繁复、数据庞大，并且随着客户市场日趋成熟、需求不断升级、产业发展逐步规模化，信息量越来越大。需要借助信息化云平台对相关数据信息进行整合，形成一套专业化的数据管理系统，实现快速查询、多维度统计、流程监控、权限管理、信息储存等各种功能，从而大大降低了工作中的差错率，有效地提高了工作效率。

相关无障碍改造信息化管理平台是集评估管理、方案设计、客户管理、施工管理、售后管理等信息数据管理于一体的实用性高、交互性强、操作方便的信息化管理平台。平台可与微信小程序同步，能及时更新数据，查看无障碍相关评估、施工改造方案、施工进度、客户信息、在线审核、售后跟踪，第一时间将改造中的问题反馈给一线评估人员及施工人员，及时进行处理，实现快速高效即时性信息化管理。

附录一　基本辅助器具适配参考

序号	辅具名称	适用参考对象
1	语音或盲文药盒	长期服药，经评估需适配的视力功能障碍者
2	语音血压计	需定期进行血压监测，经评估需适配的视力功能障碍者
3	语音体温计	经评估需适配的视力功能障碍者
4	防压疮坐垫	长期保持坐姿，皮肤感觉功能减退或丧失、或无法自行改变体位的，经评估需适配的肢体功能障碍者
5	防压疮床垫	长期卧床，皮肤感觉功能减退或丧失、或无法自行改变体位的，经评估需适配的重度肢体功能障碍者
6	站立架	站立困难或可辅助站立，经评估需适配的肢体功能障碍者
7	站立支撑台	站立困难或可辅助站立，经评估需适配的肢体功能障碍者
8	个人肌力康复训练系统	需改善肌力、关节活动度和平衡能力，经评估需适配的肢体功能障碍者
9	语音及言语训练辅助器具	需改善应用语音和言语的能力，经评估需适配的功能障碍者
10	阅读技能开发训练材料	需训练和开发阅读技能，经评估需适配的功能障碍者
11	图标和符号训练辅助器具	需训练和学习特定沟通简化信息，经评估需适配的功能障碍者
12	逻辑行为能力训练辅助器具	需训练注意力、视觉追随能力、扫视能力、物体辨别能力，或改善认知障碍，经评估需适配的功能障碍者

13	认知益智辅助器具	需改善认知障碍，经评估需适配的功能障碍者
14	感觉统合训练辅助器具	需改善感觉统合失调，经评估需适配的功能障碍者
15	启智类辅助器具	需改善认知障碍，经评估需适配的功能障碍者
16	社会行为训练辅助器具	需改善社会行为能力，经评估需适配的功能障碍者
17	玩教辅助器具	需改善认知、沟通、学习等能力，经评估需适配的功能障碍者
18	盲用休闲训练辅具	经评估需适配的视力功能障碍者
19	用鼠标、键盘、操纵杆、触摸、脑控等训练辅助器具	需改善操作电脑或物品的控制和训练行为，经评估需适配的功能障碍者
20	脊柱矫形器	颈、胸、腰、骶损伤或畸形，经评估适合装配的肢体功能障碍者
21	上肢矫形器	上肢神经、肌肉与骨骼系统损伤或畸形，经评估适合装配的肢体功能障碍者
22	下肢矫形器	下肢神经、肌肉与骨骼系统损伤或畸形，经评估适合装配的肢体功能障碍者
23	上肢假肢	部分手缺失、腕离断、前臂截肢、肘离断、上臂截肢、肩离断及先天畸形，经评估适合装配的肢体功能障碍者
24	下肢假肢	部分足截肢、小腿截肢、膝离断、大腿截肢、髋离断及先天畸形，经评估适合装配的肢体功能障碍者
25	矫形鞋	扁平足、高弓足、马蹄内翻足、糖尿病足等足部疾患或畸形，经评估适合装配的肢体功能障碍者
26	体位垫	无法独立保持适宜体位姿势，经评估需适配的肢体功能障碍者
27	穿衣、系扣辅助器具	上肢功能障碍，独立穿衣、系扣困难，经评估需适配的肢体功能障碍者
28	穿鞋、穿袜辅助器具	膝关节、髋关节、躯干活动受限，经评估需适配的肢体功能障碍者
29	坐便椅	有移动困难，轻度辅助或独立坐位可保持坐姿，经评估需适配的肢体功能障碍者
30	便盆	长期卧床或行动不便，经评估需适配的肢体功能障碍者

31	马桶增高器	膝关节、髋关节等肢体活动受限，轻度辅助或独立坐位可保持坐姿，经评估需适配的肢体功能障碍者
32	坐便用扶手（架）	如厕时起坐困难，经评估需适配的肢体功能障碍者
33	如厕助起器具	下肢肌力减弱，经评估需适配的肢体功能障碍者
34	集尿器	如厕困难或不能自主排尿的肢体功能障碍者
35	洗浴椅/凳	有移位困难和跌倒风险，经评估需适配的功能障碍者
36	洗浴床	洗浴困难，无法采用坐姿洗浴，经评估需适配的重度肢体功能障碍者
37	专用洗浴刷	上肢运动功能受限，经评估需适配的肢体功能障碍者
38	专用指甲剪	经评估需适配的视力功能障碍者或上肢功能障碍者
39	专用梳	上肢活动受限，经评估需适配的肢体功能障碍者
40	手杖	下肢肌力减弱，经评估需适配的肢体功能障碍者
41	肘拐	下肢肌力减弱，经评估需适配的肢体功能障碍者
42	前臂支撑拐	下肢肌力减弱，经评估需适配的肢体功能障碍者
43	腋杖	下肢肌力减弱，经评估需适配的肢体功能障碍者
44	三脚或多脚手杖	下肢肌力减弱（含儿童），经评估需适配的肢体功能障碍者
45	带座手杖	下肢肌力减弱，经评估需适配的肢体功能障碍者
46	单侧助行架	下肢肌力减弱，经评估需适配的肢体功能障碍者
47	框式助行器	下肢肌力或平衡能力减弱，经评估需适配的肢体功能障碍者
48	轮式助行器	下肢肌力或平衡能力减弱，经评估需适配的肢体功能障碍者
49	座式助行器	下肢肌力弱，平衡能力较差，经评估需适配的肢体功能障碍者
50	台式助行器	下肢肌力弱，平衡能力较差，经评估需适配的肢体功能障碍者
51	驾车辅助装置	已购车且考取驾照，经评估需适配的肢体功能障碍者
52	手摇三轮车	身体控制功能较好，上肢具备操控能力、需较长距离户外移动，经评估需适配的下肢肢体功能障碍者

序号	名称	适配对象
53	普通轮椅	上肢功能正常，身体移动障碍较轻，经评估需适配的肢体功能障碍者
54	护理轮椅	需依靠他人助推轮椅，经评估需适配的肢体功能障碍者
55	高靠背轮椅	需提供躯干支撑以保持或稳定坐姿及进行体位变化，经评估需适配的重度肢体功能障碍者
56	功能轮椅（活动、可调节扶手和脚踏）	对变换体位、转移位置、调整扶手和脚踏高度等有要求的，经评估需适配的单侧上下肢或双下肢肢体功能障碍者
57	儿童轮椅	需长时间借助轮椅进行代步活动的，经评估需适配的残疾儿童
58	运动式生活轮椅	上肢臂力较好能够自行驱动轮椅，身体控制能力强，经评估需适配的下肢肢体功能障碍者
59	定制轮椅	肢体功能严重障碍或身体严重畸形，经评估需定制的肢体功能障碍者
60	坐姿保持轮椅	需长时间借助轮椅进行生活且需辅助姿势保持，经评估需适配的残疾儿童
61	电动轮椅	无认知障碍，单手能够操控轮椅控制器，经评估需适配的重度肢体功能障碍者；借助其他移动辅助器具仍行走困难，经评估需适配的下肢功能障碍者
62	抓梯	起身困难，经评估需适配的肢体功能障碍者
63	移乘板	移位困难，经评估需适配的肢体功能障碍者
64	移乘带/移位带	移位困难，经评估需适配的肢体功能障碍者
65	移位转盘	移位困难，经评估需适配的肢体功能障碍者
66	移位滑垫	移位困难，经评估需适配的肢体功能障碍者
67	移位机（含吊带）	无自主移动能力，经评估需适配的重度肢体功能障碍者
68	盲杖	经评估需适配的视力功能障碍者
69	盲用指南针	经评估需适配的视力功能障碍者
70	语音导航装置	经评估需适配的视力功能障碍者
71	语音烹调用具	经评估需适配的视力功能障碍者
72	单手砧板	单侧上肢功能障碍，经评估需适配的肢体功能障碍者
73	专用餐具（刀、叉、勺、筷、杯）	手功能障碍，经评估需适配的肢体功能障碍者

74	防洒碗、带挡边和吸盘的盘子	手功能障碍，经评估需适配的肢体功能障碍者
75	床用桌	长期卧床，经评估需适配的重度肢体功能障碍者
76	桌板可调学习桌	经评估需适配的视力功能障碍或肢体功能障碍者
77	儿童坐姿椅	坐姿异常，且需要维持良好坐姿，经评估需适配的残疾儿童
78	坐姿保持装置	无法维持稳定坐姿，经评估需适配的肢体功能障碍者
79	轮椅桌	使用轮椅，经评估需适配的肢体功能障碍者
80	多功能护理床	无法独立翻身及坐起，经评估需适配的重度肢体功能障碍者
81	床护栏杆或扶手	独立翻身或坐起困难、有坠床风险，经评估需适配的重度肢体功能障碍者
82	床上靠架	腰部力量弱，坐位维持困难，经评估需要保持坐位的功能障碍者
83	居家环境改善－扶手	需通过改善居家环境以方便出行、增加安全保障、改善生活状况的，经评估需适配的功能障碍者
84	居家环境改善－门及门槛	需通过改善居家环境以方便出行、增加安全保障、改善生活状况的，经评估需适配的功能障碍者
85	居家环境改善－坡道	需通过改善居家环境以方便出行、增加安全保障、改善生活状况的，经评估需适配的功能障碍者
86	放大镜（片）	经评估需适配的视力功能障碍者
87	低视力眼镜	经评估需适配的视力功能障碍者
88	双筒和单筒望远镜	经评估需适配的视力功能障碍者
89	滤光镜	经评估需适配的视力功能障碍者
90	棱镜	因视力或肢体功能障碍导致阅读困难，经评估需适配的功能障碍者
91	便携式电子助视器	经评估需适配的视力功能障碍者
92	台式电子助视器	经评估需适配的视力功能障碍者
93	远近两用电子助视器	经评估需适配的视力功能障碍者
94	助听器（含电池）	经评估需适配的听力功能障碍者

编号	名称	适配对象
95	盲用文具	经评估需适配的视力功能障碍者
96	通用盲文学习机	有国家通用盲文学习需求，经评估需适配的学龄盲童和成年盲人
97	听书机	经评估需适配的视力功能障碍者
98	无线辅听系统	佩带助听设备后，需要在噪声或远距离声源环境（如课堂、会议室、户外等）辅助聆听的听力功能障碍者
99	听障沟通系统	有听力和言语沟通障碍，经评估需适配的功能障碍者
100	实时字幕机顶盒	需要将视频的语音输出转换成视频字幕，有需求的听力障碍者
101	便携式手写板	有言语沟通障碍，经评估需适配的功能障碍者
102	符号沟通板	有言语沟通障碍，经评估需适配的功能障碍者
103	符号沟通软件	有言语沟通障碍，经评估需适配的功能障碍者
104	闪光门铃	经评估需适配的听力功能障碍者
105	可视门铃	经评估需适配的听力功能障碍者
106	电话闪光震动警示器	经评估需适配的听力功能障碍者
107	震动闹钟	经评估需适配的听力功能障碍者
108	振动式提醒手表	经评估需适配的听力功能障碍者
109	定位装置	无独立外出能力，有走失隐患，经评估需适配的智力障碍或精神障碍者
110	SOS报警系统	独居或照护人长时间不在身边，经评估需适配的功能障碍者
111	防溢报警器	经评估需适配的视力功能障碍者
112	盲用手表	经评估需适配的视力功能障碍者
113	翻书器	有手动翻书障碍，经评估需适配的肢体功能障碍者
114	阅读架	经评估需适配的肢体功能障碍者
115	文字转语音阅读器	经评估需适配的视力功能障碍者
116	电脑和手机放大软件	经评估需适配的视力功能障碍者
117	电脑和手机读屏软件	经评估需适配的视力功能障碍者

118	特殊鼠标	无法用手操控普通鼠标，经评估需适配的肢体功能障碍者
119	特殊键盘	无法操作普通键盘，经评估需适配的功能障碍者
120	模拟鼠标或键盘软件	有电脑操作需求，无法操作普通键盘或鼠标，经评估需适配的功能障碍者
121	盲文点显器	就学需要，经评估需适配的视力功能障碍者
122	开瓶器	手部稳定性、协调性及上肢肌力较差，经评估需适配的肢体功能障碍者
123	挤管器	手部稳定性、协调性及上肢肌力较差，经评估需适配的肢体功能障碍者
124	专用门把手	手部稳定性、协调性及上肢肌力较差，经评估需适配的肢体功能障碍者
125	家电语音控制器	经评估有需求的视力、重度肢体功能障碍者
126	握持适配件	手部稳定性、协调性及上肢肌力较差，经评估需适配的肢体功能障碍者
127	键盘敲击器	上肢功能障碍，经评估需适配的肢体功能障碍者
128	前臂支撑辅助器具	上肢功能障碍，经评估需适配的肢体功能障碍者
129	电脑支撑固定器	有电脑操作需求，已配备电脑的，经评估需适配的上肢功能障碍者
130	手动抓取钳	下肢功能障碍，但上肢臂部或手部功能正常，经评估需适配的肢体功能障碍者
131	吸盘	手功能障碍，经评估需适配的肢体功能障碍者
132	防滑垫	有轻度行动或平衡障碍，经评估需适配的功能障碍者

摘自《残疾人基本辅助器具指导目录（2021版）》

附录二　居家无障碍环境设计与改造案例

一、家庭改造案例（一）

此案例（北京安馨在家健康科技有限公司提供）是为北京市通州区新城乐居一户人家进行的家庭适老化改造服务。在改造之前，首先为该户家庭做了详细的介助咨询，以安排合理的改造规划与企划方案。如附图 2.1 所示。

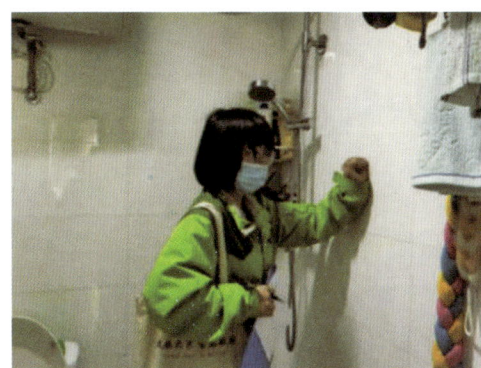

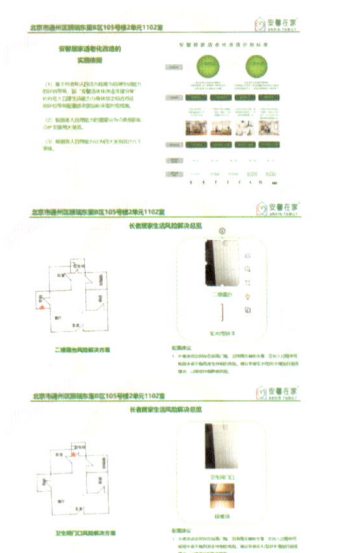
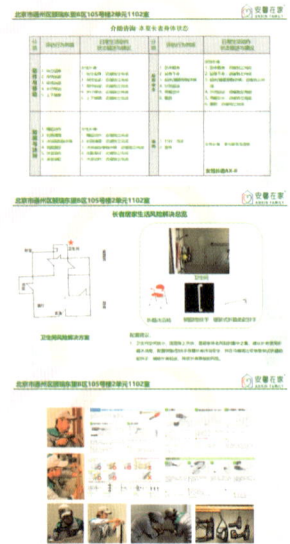

附图 2.1 工作人员咨询家庭情况并给出的企划方案

在明确家庭住户的健康情况等内容并相应制定出企划方案后，开始为该户家庭进行具体的改造设计施工，如附图 2.2 所示。

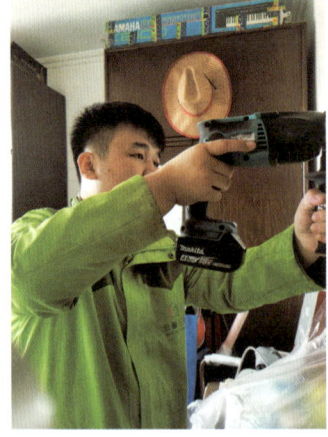

附图 2.2 工作人员在为家庭改造方案进行施工

在经过改造施工后，家庭内的环境有了全新的变化，也在一些细节上为住户提供了个性化的改造内容。如附图 2.3 所示，在家庭的门、床、卫生间等重要节点处都安装了针对老年人特殊身体健康状况的扶手，以便辅助日常动作，在洗浴处也安装了折叠浴椅与防滑垫来保证老年人的安全。

   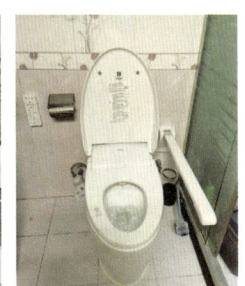

附图 2.3 改造前后对比

二、家庭改造案例（二）

此案例（北京安馨在家健康科技有限公司提供）是安馨孝心天使为周爷爷家进行的一次居家适老化改造服务。周爷爷已经 94 岁高龄，平时在家独居，如果不进行有效的居家改造，就会非常影响他的生活质量甚至生活安全。

同样，在改造之前要去周爷爷家调研，如附图 2.4 所示，以获得一些基本情况：1. 日常生活基本自理，但基本行为已出现迟缓和行动协调性失序的现象，日常生活使用辅具；2. 长者独自生活，每天早上、下午使用手杖独自步行 500 米购买食物或订外卖。较远距离出行使用电动轮椅，而且轮椅沉重，进出不便；3. 长者患有高血压，每天按时吃降压药。长者需每周二、四、六前往医院进行透析，精神状况良好；4. 长者常站姿换鞋；室内不使用手杖，夜间起夜 1 次，如厕较便利；因主卧内卫生间安装了浴缸，使用次卫生间坐姿沐浴。

附图 2.4 改造前调查

随后对周爷爷的房子进行居室安全评估，结束后给出具体的安全评估报告，以明确居住生活中的安全提示与解决方案，如附图 2.5 所示。

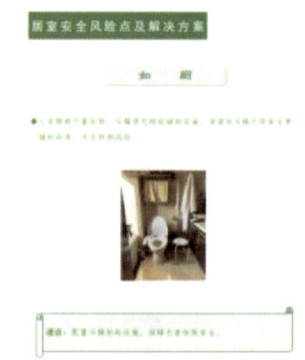

附图 2.5 安全评估报告

随后进行居家安全改造，如附图 2.6 所示，遵循"不动不离，适度及时"的原则，利用半天时间完成安装，实现"地面要平、光线要明、路线要通、行动要稳"的居室改造目的。

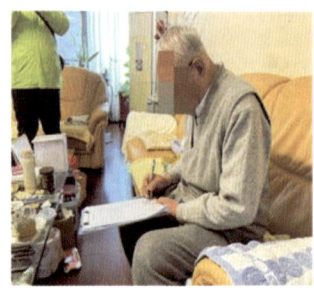

附图 2.6 改造进行中

卫生间改造前后结果如附图 2.7 所示，在墙壁上增加了 L 形扶手，为浴室增加了防滑地垫，也为卫生间的马桶进行了处理，更适合老年人使用。

附图 2.7 卫生间改造前后对比（一）

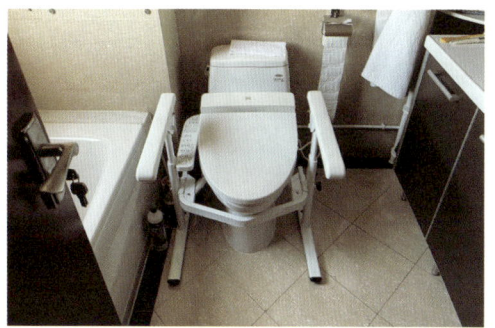

附图 2.7 卫生间改造前后对比（二）

卧室改造前后结果如附图 2.8 所示，各种灯光、辅具的适配让老年人生活得更安全。

附图 2.8 卧室改造前后对比

三、家庭改造案例（三）

此案例（北京安馨在家健康科技有限公司提供）是为朱爷爷、胡奶奶夫妇进行的居家改造服务，两人有着不同的健康状况，朱爷爷在一定程度上需要他人帮助。同上述案例，改造前先进行入户评估居住环境，如附图 2.9 所示。

附图 2.9 家庭情况调研与评估

随后根据评估结果进行居家改造施工，如附图 2.10 所示。

  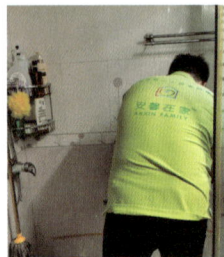 

附图 2.10 改造施工

最终改造前后对比如附图 2.11 至附图 2.12 所示，在门处增加了进出口的改造细节，更方便老年人进出，并确保其安全，卫生间小空间内也加装了扶手、洗浴椅等辅助设备。

附图 2.11 门口改造前后对比

   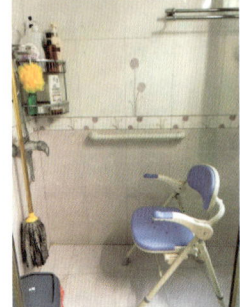

附图 2.12 卫生间改造前后对比

参考文献

[1] 北京市建筑设计院北京市市政设计院. 方便残疾人使用的城市道路和建筑物设计规范: [M]. 中国建筑工业出版社, 1989.

[2] 周序洋, 汪志群, 王进. 无障碍设施施工验收及维护规范 [J]. 人民出版社, 2011.

[3] 中华人民共和国住房和城乡建设部. 无障碍设计规范 [M]. 中国建筑工业出版社, 2012.

[4] 中华人民共和国住房和城乡建设部. 无障碍设施施工验收及维护规范 [S]. 人民出版社, 2011.

[5] 中华人民共和国住房和城乡建设部. 老年人照料设施建筑设计标准 [J]. 中国建筑工业出版社, 2018(07): 68.

[6] 中华人民共和国住房和城乡建设部. 民用建筑设计通则 [M]. 中国建筑工业出版社, 2009.

[7] 中华人民共和国住房和城乡建设部. 住宅建筑规范 [M]. 中国建筑工业出版社, 2006.

[8] 周文麟编. 城市无障碍环境设计 [M]. 北京: 科学出版社, 2000.

[9] 姜可. 通用设计: 心理关爱的设计研究和实践 [M]. 北京: 化学工业出版社, 2012.

[10] 梁碧莹, 唐强. 作业治疗对脑卒中后上肢功能障碍的国内临床应用进展 [J]. 中国康复医学杂志, 2019, 34(01): 107–111.

[11] 中国残疾人辅助器具中心. 视力障碍辅助技术 [M]. 北京: 华夏出版社, 2018.

[12] 杜静.增能理论在残疾人自主生活服务中的运用——以成年智力障碍者为例 [J]. 开封教育学院学报, 2017, 37(12): 181-182.

[13] 周燕珉, 程晓青, 林菊英, 等. 老年住宅 第 2 版 [M]. 北京: 中国建筑工业出版社, 2018.

[14] 钟振亚. 基于老年人生理与行为特征的无障碍家居设计研究 [D]. 南京林业大学, 2016.

[15] 王建民, 王文焕, 于晓杰, 等. 适老化居家环境设计与改造 [M]. 北京: 中国人民大学出版社, 2020.

[16] 姜薇. 城市公共绿地空间设计人性化无障碍原则再思考 [D]. 大连工业大学, 2010.

[17] 张维航, 张硕. 浅析城市公共绿地无障碍设计 [J]. 美术大观, 2016, (08): 125.

[18] 李国敏. 无障碍信息化奏响和谐序曲 [N]. 科技日报, 2007.

[19] 雷鸣. 加快信息无障碍建设保障残疾人的平等权益 [J]. 残疾人研究, 2022, (S1): 51-54.

[20] 高贵皖. 基于无障碍理念的老年智能医疗产品交互设计研究 [D]. 安徽工业大学, 2019.

[21] 常虹, 朱文惠, 赵昕. 智能居家养老监护系统设计——让"互联网 +"深层次服务养老生活 [J]. 信息与电脑 (理论版), 2019, 31(18): 115-117.

[22] 王庆德. 我国"智慧养老"模式研究及对策 [J]. 中国经贸导刊 (中), 2021, (03): 155-157.

[23] 吴静斐. 基于服务平台的虚拟养老可复制性研究——以常州市虚拟养老模式为例 [J]. 产业创新研究, 2020, (14): 62-64.

[24] Housing Agency. Designing Housing to Meet the Needs of All[M]. Ireland: Housing Agency, 2019.

[25] 世界卫生组织. 国际功能、残疾和健康分类: ICF[M].2015.

[26] 康复辅助器具分类和术语 [S].2011.

[27] 朱图陵. 功能障碍者辅助器具基础与应用(第二版) [M]. 北京: 海天出版社, 2019.

[28] 中华人民共和国住房和城乡建设部. 建设与市政工程无障碍通用规范.GB 55019-2021.